机械制图

（第 3 版）

主　编　朱凤艳
副主编　沈　蔷
参　编　孙　杰　姜昊宇
主　审　李冬梅

北京理工大学出版社
BEIJING INSTITUTE OF TECHNOLOGY PRESS

内 容 简 介

本书共包含9章,分别为制图基本知识和技能、投影基础知识、基本几何体及其表面交线、组合体、机件的图样画法、标准件与常用件、零件图、装配图、展开图与焊接图。

本书既可作为高等院校机械类、非机类等专业的教材使用,也可作为相关工作人员的参考用书。

版权专有　侵权必究

图书在版编目（CIP）数据

机械制图 / 朱凤艳主编. —3 版. —北京：北京理工大学出版社，2021.1（2024.1 重印）
ISBN 978-7-5682-9495-9

Ⅰ. ①机… Ⅱ. ①朱… Ⅲ. ①机械制图-高等职业教育-教材 Ⅳ. ①TH126

中国版本图书馆 CIP 数据核字（2021）第 019991 号

出版发行 /	北京理工大学出版社有限责任公司
社　　址 /	北京市海淀区中关村南大街 5 号
邮　　编 /	100081
电　　话 /	（010）68914775（总编室）
	（010）82562903（教材售后服务热线）
	（010）68944723（其他图书服务热线）
网　　址 /	http：//www.bitpress.com.cn
经　　销 /	全国各地新华书店
印　　刷 /	三河市天利华印刷装订有限公司
开　　本 /	787 毫米×1092 毫米　1/16
印　　张 /	16
字　　数 /	372 千字
版　　次 /	2021 年 1 月第 3 版　2024 年 1 月第 6 次印刷
定　　价 /	48.00 元

责任编辑 / 多海鹏
文案编辑 / 多海鹏
责任校对 / 周瑞红
责任印制 / 李志强

图书出现印装质量问题，请拨打售后服务热线，本社负责调换

前　言

本教材按照教育部审定的高等院校工程制图课程教学基本要求及最新《技术制图》和《机械制图》国家标准，结合教育部高水平高等学校和高水平专业建设计划，以进一步深化教学改革、提高教学质量为指导，以培养应用型人才为目标编写而成。

在编写过程中，通过对"机械制图"课程的改革与探索，总结教学经验，力求做到以下几点：

(1) 全部采用最新的《技术制图》和《机械制图》国家标准。

(2) 内容精练，概念准确。注意分析解题的思路和步骤，注意培养学生的空间想象能力，从而解决图物转化的问题。编排图形时，对一些难点和重点问题采用与作图步骤基本相同的分解图。注重教材的系统性和实用性。与《机械制图习题集》配套使用，可以使理论和实际紧密结合，并实现由浅入深、由易到难的教学过程。习题集中配有几何体的立体动图，有利于提高学生的识图能力。

(3) 教材中插入教学视频，便于学生课前预习和课后复习，以提高学生的学习兴趣和自学能力。

(4) 符合国家高水平高等学校和高水平专业建设要求，注重培养学生的实践能力，做到教、学、做一体化。编者深入企业挂职锻炼，将企业实际生产中的图样融入教材，深化校企合作和产教融合，实现技术技能的积累与转化。

(5) 教材插图精美，并紧密结合生产实际，图线规范、准确。

本教材由渤海船舶职业学院朱凤艳教授任主编，沈蔷任副主编，孙杰、姜昊宇参加了本教材的编写。李冬梅教授任主审。朱凤艳编写第2、5、6章和附录，沈蔷编写第4、8、9章，孙杰编写第7章，姜昊宇编写第1、3章，朱凤艳负责全书内容的组织和统稿。

尽管我们在编写过程中做了很多努力，但由于编者水平有限，书中内容仍有不妥之处，恳请各位读者在使用过程中给予关注，并提出您的宝贵意见和建议，以便在下一次修订时改进。

编　者

目　　录

第 1 章　制图基本知识和技能 ··· 1
　1.1　基本制图标准 ·· 1
　1.2　尺寸注法 ·· 8
　1.3　绘图工具及其使用方法 ··· 12
　1.4　几何作图 ·· 15
　1.5　平面图形的画法 ·· 20
　1.6　徒手绘图 ·· 22

第 2 章　投影基础知识 ··· 25
　2.1　投影法 ··· 25
　2.2　三视图的形成及投影规律 ··· 27
　2.3　点的投影 ·· 30
　2.4　直线的投影 ·· 33
　2.5　平面的投影 ·· 38

第 3 章　基本几何体及其表面交线 ·· 44
　3.1　平面立体的投影 ·· 44
　3.2　回转体的投影 ··· 48
　3.3　几何体的轴测图 ·· 52
　3.4　基本体的表面交线 ·· 59

第 4 章　组合体 ··· 75
　4.1　组合体的形体分析 ·· 75
　4.2　组合体三视图的画法 ··· 78
　4.3　组合体的读图方法 ·· 81
　4.4　尺寸标注 ·· 87

第 5 章　机件的图样画法 ·· 92
　5.1　视图 ·· 92
　5.2　剖视图 ··· 95
　5.3　断面图 ·· 103
　5.4　其他图样画法 ·· 106
　5.5　第三角投影简介 ··· 109

第 6 章　标准件与常用件 ·· 112
　6.1　螺纹 ·· 112
　6.2　螺纹紧固件 ··· 120

- 6.3 键、销连接 …… 124
- 6.4 滚动轴承 …… 127
- 6.5 齿轮 …… 129
- 6.6 弹簧 …… 135

第 7 章 零件图 …… 138
- 7.1 零件图的内容 …… 138
- 7.2 零件图的表达方案 …… 139
- 7.3 零件图的尺寸标注 …… 142
- 7.4 零件图的技术要求 …… 147
- 7.5 零件的工艺结构 …… 169
- 7.6 读零件图 …… 173

第 8 章 装配图 …… 183
- 8.1 装配图的内容 …… 183
- 8.2 装配图的图样画法 …… 185
- 8.3 装配图的尺寸标注和技术要求 …… 188
- 8.4 装配图的零件序号及明细栏 …… 189
- 8.5 绘制装配图 …… 191
- 8.6 常见的装配工艺结构 …… 196
- 8.7 读装配图和拆画零件图 …… 200

第 9 章 展开图与焊接图 …… 206
- 9.1 展开图 …… 206
- 9.2 焊接图 …… 211

附录 1 螺纹 …… 221
- 1.1 普通螺纹的直径与螺距（摘自 GB/T 193—2003 GB/T 196—2003） …… 221
- 1.2 螺纹旋合长度（摘自 GB/T 197—2003） …… 222

附录 2 螺纹紧固件 …… 224
- 2.1 六角头螺栓 …… 224
- 2.2 六角螺母 …… 225
- 2.3 垫圈 …… 226
- 2.4 弹簧垫圈 …… 227
- 2.5 双头螺柱（摘自 GB/T 897~900—1988） …… 227
- 2.6 开槽盘头螺钉（摘自 GB/T 67—2016） …… 229
- 2.7 开槽沉头螺钉（摘自 GB/T 68—2016） …… 230
- 2.8 开槽圆柱头螺钉（摘自 GB/T 65—2016） …… 231

附录 3 键、销 …… 232
- 3.1 平键和键槽的尺寸与公差（摘自 GB/T 1095—2003 和 GB/T 1096—2003） …… 232
- 3.2 销 …… 234

附录 4 滚动轴承 …… 235
- 4.1 深沟球轴承（摘自 GB/T 276—2013） …… 235

  4.2 圆锥滚子轴承（摘自 GB/T 297—2015） ……………………………………… 236

  4.3 推力球轴承（摘自 GB/T 301—2015） …………………………………………… 238

附录 5 极限与配合 ……………………………………………………………………… 241

  5.1 标准公差数值（摘自 GB/T 1800.4—1999） …………………………………… 241

  5.2 轴、孔的基本偏差数值（摘自 GB/T 1800.3—1999） ………………………… 243

第1章 制图基本知识和技能

机械图样是用来表达和交流设计思想的语言，也是设计、制造机械产品的技术资料，要正确绘制机械图样，必须遵守国家标准的各项规定，正确使用绘图工具，掌握合理的绘图方法。本章将重点介绍国家标准《技术制图》和《机械制图》的一般规定、绘图工具及仪器的使用、几何作图，以及平面图形的绘制等。

1.1 基本制图标准

标准是指在一定范围内获得最佳秩序，对活动或其结果规定共同和重复使用的规则、导则或特殊性的文件。标准按级别可分为国家标准、行业标准、地方标准、企业标准等，目前我国通用的制图标准是国家标准《技术制图》和《机械制图》。

国家标准《技术制图》（如 GB/T 14692—2008《技术制图 投影法》）是基础技术标准，是工程界各种技术图样的通则；国家标准《机械制图》（如 GB/T 4458.6—2002 机械制图 图样画法 剖视图和断面图）是机械专业制图标准，它们都是绘制、识读和使用图样的准绳。因此，每个技术人员必须认真学习、掌握和遵守标准规定。

现以 GB/T 14692—2008《技术制图 投影法》为例，说明标准的构成。

国家标准（简称国标）由标准编号（GB/T 14692—2008）和标准名称（《技术制图 投影法》）两部分构成。标准编号中"GB"是国标的拼音缩写，"T"表示推荐性标准，"14692"表示标准的顺序号，"2008"表示标准的批准年份；标准名称《技术制图 投影法》表示这是《技术制图》标准中的投影法部分。

本节主要介绍制图标准中的图纸幅面、比例、字体、图线、尺寸注法等。

1.1.1 图纸的幅面与格式（GB/T 14689—2008）

1. 图纸幅面尺寸

在 GB/T 14689—2008《技术制图 图纸幅面与格式》中，规定了图纸的基本幅面和加长幅面。绘制技术图样时，应优先采用基本幅面。图纸的基本幅面有五种，其尺寸见表 1-1。必要时，允许选用加长幅面，其尺寸在 GB/T 14689—2008《技术制图 图纸幅面与格式》中另有规定。

图纸的幅面与格式

2. 图框格式

绘图前，在图纸上必须先用粗实线画出图框。图框格式分为不留装订边和留装订边两种，但同一产品的图样只能采用一种形式。

1

表 1-1　基本幅面（第一选择）　　　　　　　　单位：mm

幅面代号	$B×L$	e	c	a
A0	841×1 189	20	10	25
A1	594×841	20	10	25
A2	420×594	10	10	25
A3	297×420	10	5	25
A4	210×297	10	5	25

（1）不留装订边的图纸，其图框格式如图 1-1 所示，宽度 e 可依幅面代号从表 1-1 中查出。

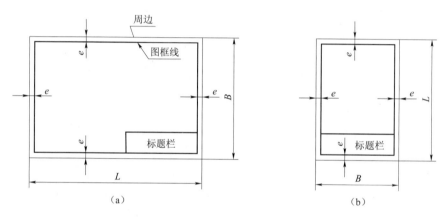

图 1-1　不留装订边图纸的图框格式
（a）图纸横放；（b）图纸竖放

（2）留有装订边的图纸，其图框格式如图 1-2 所示，装订边宽度 a 和 c 可依幅面代号从表 1-1 中查出，一般采用 A4 幅面竖装或 A3 幅面横装。

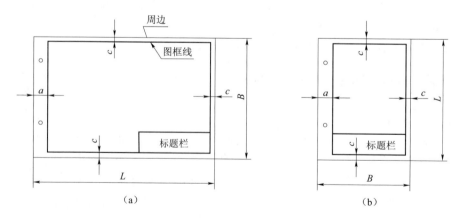

图 1-2　留装订边图纸的图框格式
（a）图纸横放；（b）图纸竖放

3. 标题栏

每张图纸必须画出标题栏。标题栏的格式和尺寸应按 GB/T 10609.1—2008 的规定绘制，如图 1-3 所示。教学及制图作业中建议采用简化的标题栏，如图 1-4 所示。标题栏的位置一般应在图纸的右下角，外框线及竖线为粗实线，横线为细实线。标题栏的文字方向应为读图方向。

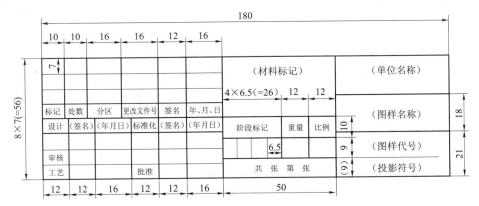

图 1-3 标题栏的格式

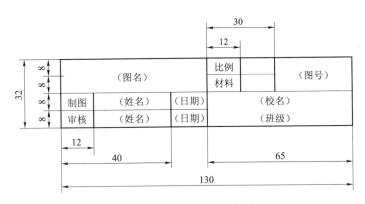

图 1-4 简化的标题栏格式

为了利用预先印制好的图纸，允许将标题栏按如图 1-5（a）所示的位置配置，此时需附加符号。附加符号有对中符号和方向符号。

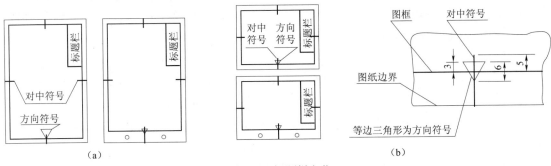

图 1-5 标题栏方位
（a）有对中符号和方向符号的图纸；（b）方向符号的画法

对中符号用粗实线绘制,线宽不小于0.5 mm,伸入图框内约5 mm,位置误差不大于0.5 mm,在标题栏范围内时,伸入标题栏部分省略。为了明确绘图和看图时图纸方向,应在图纸的下边对中符号处画出方向符号。方向符号是用细实线绘制的等边三角形,如图1-5(b)所示。

1.1.2 比例(GB/T 14690—1993)

图样中图形与其实物相应要素的线性尺寸之比称为比例。比值为1的比例称为原值比例,便于从图样中看出机件的实际大小;比值大于1的比例称为放大比例,对于小而复杂的机件宜采用放大比例;比值小于1的比例称为缩小比例,对于大而简单的机件可采用缩小比例。同一机件的各个视图一般采用相同的比例,并需在标题栏中的比例栏写明采用的比例,如1:1。不论采用何种比例,图形中所标注的尺寸数值必须是实物的实际尺寸,与图形的大小无关。标准比例系列见表1-2。

比例

表1-2 标准比例系列

种类	优先选用比例			允许选用比例			
原值比例	1:1						
放大比例	2:1	5:1		2.5:1	4:1		
	$1×10^n:1$	$2×10^n:1$	$5×10^n:1$	$2.5×10^n:1$	$4×10^n:1$		
缩小比例	1:2	1:5		1:1.5	1:2.5	1:3	1:4 1:6
	$1:1×10^n$	$1:2×10^n$	$1:5×10^n$	$1:1.5×10^n$	$1:2.5×10^n$	$1:3×10^n$	

注:表中n为整数

当同一机件的某个视图采用不同比例绘制时,必须另行标明所用比例。

1.1.3 字体(GB/T 14691—1993)

图样中除了用图形表达机件的结构形状外,还需要用文字、数字说明机件的名称、大小、材料及机件在设计、制造、装配时的各项要求等。为使字体美观、易写、整齐,要求在图样中书写的汉字、数字、字母必须做到"字体工整、笔画清楚、间隔均匀、排列整齐"。各种字体的大小要选择适当。字体大小分为20、14、10、7、5、3.5、2.5、1.8八种号数。字体的号数即字体的高度h(单位:mm)。

1. 汉字

图样上的汉字应写成长仿宋体,并应采用国家正式公布推行的《汉字简化方案》中规定的简化字。汉字的高度不应小于3.5 mm,字宽约等于字高的2/3。长仿宋字的要领是:横平竖直、注意起落、结构匀称、填满方格。如需要书写更大的字,其字高应按$\sqrt{2}$的比例递增。

2. 阿拉伯数字、罗马数字、拉丁字母和希腊字母

数字与字母有正体和斜体之分。斜体字字头向右倾斜,与水平基准线成75°。字母和数

字按笔画宽度情况分为 A 型和 B 型两类，A 型字体的笔画宽度（d）为字高（h）的 1/14，B 型字的笔画宽度为字高的 1/10，即 B 型字体比 A 型字体的笔画要粗一点。在一张图样上只能采用同一种字体。

汉字示例：

10 号字

字体工整　笔画清楚　间隔均匀　排列整齐

7 号字

横平竖直　注意起落　结构均匀　填满方格

5 号字

技术制图　机械电子　汽车航空船舶　土木建筑　矿山井坑港口　纺织服装

3.5 号字

螺纹齿轮　端子接线　飞行指导　驾驶航位　挖填施工　引水通风　闸阀坝　棉麻化纤

字母和数字示例：

3. 综合应用规定

用作指数、分数、极限偏差、注脚等数字和字母，一般应采用小一号的字体。图样中的数字符号、物理量符号、计量单位符号以及其他符号、代号，分别要符合国家的有关规定和标准规定。

1.1.4　图线（GB/T 17450—1998，GB/T 4457.4—2002）

图线是起点和终点间可以任意方式连接的一种几何图形，可以是直线、曲线、连续线或不连续线。不连续线的独立部分，如点、长度不同的画和间隔为线素。一个或一个以上不同线素组成一段连续的或不连续的图线，如实线的线段、双点画线的线段等。

1. 线型及图线尺寸

国家标准 GB/T 17450—1998《技术制图 图线》中规定了十五种基本线型，GB/T 4457.4—2002《机械制图 图样画法 图线》中规定了在机械制图中使用的九种图线，其代码、线型、名称、宽度等见表1-3。

图线宽度应从下列数系中选择：0.13 mm，0.18 mm，0.25 mm，0.35 mm，0.5 mm，0.7 mm，1 mm，1.4 mm，2 mm。粗线、中粗线、细线的宽度比例为4∶2∶1。在机械图样中采用粗、细两种线宽，其比例为2∶1。在同一图样中，同类图线宽度应一致。

表 1-3 机械制图中的图线（摘自 GB/T 4457.4—2002）

No	线型		名称	图线宽度	在图样上的一般应用
01	实线	———	粗实线	b	（1）可见轮廓线； （2）螺纹牙顶圆（牙顶线）、螺纹长度终止线； （3）齿顶圆（齿顶线）
		———	细实线	约 $b/2$	（1）尺寸线及尺寸界线； （2）剖面线； （3）重合断面的轮廓线； （4）螺纹的牙底线及齿轮的齿根线； （5）指引线和基准线； （6）分界线及范围线； （7）过渡线； （8）辅助线及投影线
		～～	波浪线	约 $b/2$	（1）断裂处的边界线； （2）视图与剖视图的分界线
		/\/\	双折线	约 $b/2$	（1）断裂处的边界线； （2）视图与剖视图的分界线
02	虚线	- - - -	细虚线	约 $b/2$	不可见的轮廓线
		━ ━ ━ ━	粗虚线	b	允许表面处理的表示线
03	点画线	—·—·—	细点画线	约 $b/2$	（1）轴线； （2）对称中心线； （3）分度圆（分度线）； （4）孔系分布的中心线； （5）剖切线
		━·━·━	粗点画线	b	限定范围表示线
04		—··—··—	细双点画线	约 $b/2$	（1）相邻辅助零件的轮廓线； （2）可动零件极限位置的轮廓线； （3）轨迹线； （4）成形前的轮廓线； （5）中断线

2. 图线的应用

常用图线的应用示例如图 1-6 所示。

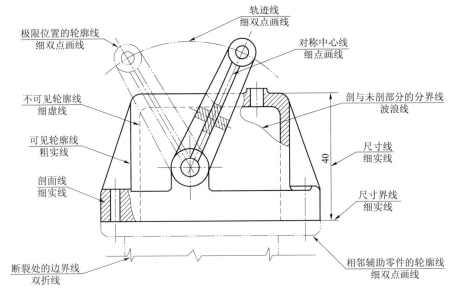

图 1-6 图线应用示例

3. 图线的画法

图线画法及注意事项见表 1-4。

表 1-4 图线画法注意事项

要 求	图 例	
	正 确	错 误
细点画线、细双点画线的首末两端应是画，而不应是点		
虚线、点画线、双点画线，应恰当地相交于画线处		

续表

要 求	图 例	
	正确	错误
中心线应超出圆周约 5 mm；较小的圆形其中心线可用细实线代替，并超出轮廓约 3 mm	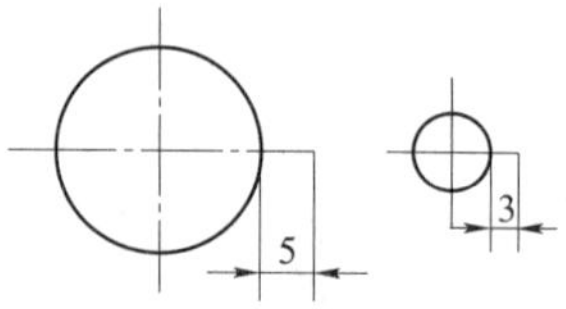	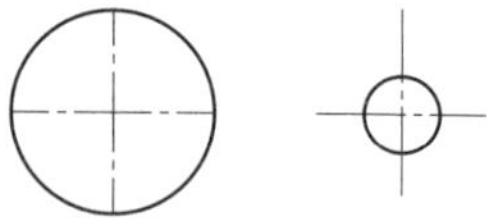

1.2 尺寸注法

图样中的图形可表达机件的结构形状，而机件大小及相对位置是由图样上所标的尺寸（包括线性尺寸和角度尺寸）确定的，所以尺寸是图样中的重要内容之一，是制造机件的直接依据。GB/T 4458.4—2003《机械制图 尺寸注法》和 GB/T 16675.2—1996《技术制图 简化表示法第 2 部分：尺寸注法》中对尺寸注法作了专门规定。

1.2.1 基本规则

（1）机件的真实大小应以图样上所注的尺寸数值为依据，与图形的大小及绘图的准确度无关。

（2）图样中（包括技术要求和其他说明）的尺寸以 mm 为单位时，无须标注计量单位的符号或名称，如采用其他单位，则必须注明相应的计量单位符号或名称。

（3）对机件的每一种结构尺寸，一般只标注一次，并应标注在反映该结构最清晰的图形上。

（4）图样中所标注的尺寸为该图样所示机件的最后完工尺寸，否则应另加说明。

1.2.2 尺寸组成

图样上标注的尺寸，一般由尺寸界线、尺寸线及尺寸线的终端符号、尺寸数字组成，标注示例如图 1-7 所示。

1. 尺寸界线表示所注尺寸的范围

（1）尺寸界线用细实线绘制，应自图形的轮廓线、轴线和对称中心线引出，也可直接利用轮廓线、轴线、对称中心线作为尺寸界线。

（2）尺寸界线一般与尺寸线垂直，且超出尺寸线 2~3 mm，必要时允许倾斜，如图 1-8 所示。

（3）在光滑过渡处标注尺寸时，应用细实线将轮廓线延长，从它们的交点处引出尺寸界线，如图 1-8 所示。

（4）角度的尺寸界线应沿径向引出，标注弦长或弧长尺寸时，其尺寸界线应平行于该弦的垂直平分线，如图 1-9 所示。但当弧度较大时，可沿径向引出，如图 1-10 所示。

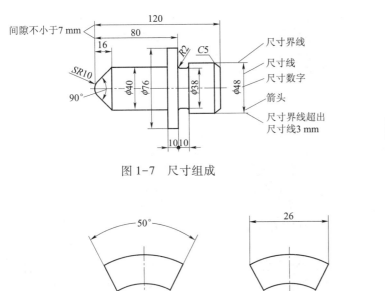

图 1-7 尺寸组成　　　　　图 1-8 倾斜尺寸界线

图 1-9 角度、弦长、弧长尺寸界线
(a) 角度尺寸界线；(b) 弦长尺寸界线；(c) 弧长尺寸界线

2. 尺寸线表示所注尺寸的方向

（1）尺寸线用细实线绘制。一般情况下，尺寸线不能用其他图线代替，也不得与其他图线重合或画在其他图线的延长线上。

（2）线性尺寸的尺寸线应与所注的线段平行，其间隔或平行的尺寸线之间的间隔尽量保持一致，一般为 5~10 mm，尺寸线与尺寸线之间、尺寸线与尺寸界线之间避免相交。标注尺寸时，小尺寸在里边、大尺寸在外边，如图 1-7 所示。

（3）角度尺寸线应画成圆弧，其圆心是该角的顶点，如图 1-9（a）所示。

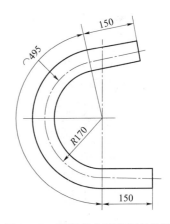

图 1-10 弧度较大时的弧长注法

（4）圆的直径（整圆或大于半圆的圆弧标直径）和圆弧半径（半圆或小于半圆的圆弧标半径）的尺寸线的终端应画成箭头，并按图 1-11 所示的方法标注。

当圆弧的半径过大或在图纸范围内无法标出其圆心位置时，可按图 1-12（a）的形式标注，若不需要标注其圆心位置，则可按图 1-12（b）所示的形式标注。

（5）尺寸线的终端有两种形式：箭头和斜线，在同一张图中箭头和斜线只能采用一种，机械图样中一般采用箭头作为尺寸线的终端符号。箭头的形式如图 1-13（a）所示，适用于

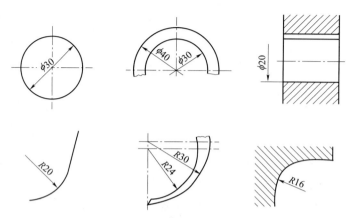

图 1-11 圆的直径和圆弧半径的标注

各种类型的图样。箭头尖端应与尺寸界线接触。斜线用细实线绘制，其方向和画法如图 1-13（b）所示。当尺寸线的终端采用斜线形式时，尺寸线与尺寸界线应相互垂直。

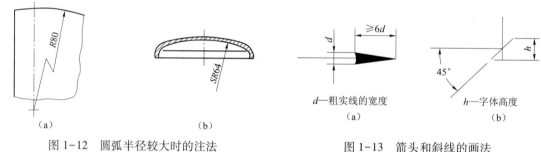

图 1-12 圆弧半径较大时的注法　　　　图 1-13 箭头和斜线的画法
　　　　　　　　　　　　　　　　　　　（a）箭头的画法；（b）斜线画法

（6）对于较小的尺寸，在没有足够的位置画箭头或注写数字时，可按图 1-14 的形式标注，此时可以用圆点或斜线代替箭头。

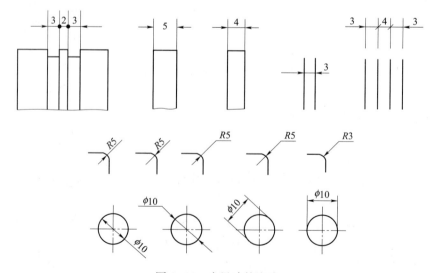

图 1-14 小尺寸的注法

3. 尺寸数字表示所注尺寸的大小

（1）线性尺寸数字的位置，应注写在尺寸线中间部位的上方（水平和倾斜方向尺寸）、左方（竖直方向尺寸）或中断处。

（2）线性尺寸数字方向，有以下两种注写方法，但在一张图样中，应尽可能采用同一种方法。

① 尺寸线是水平方向时字头朝上，尺寸线是竖直方向时字头朝左，其他倾斜方向字头要有朝上的趋势，如图 1-15（a）所示，并尽可能避免在图示 30°范围内标注尺寸，当无法避免时，可按图 1-15（b）所示标注。

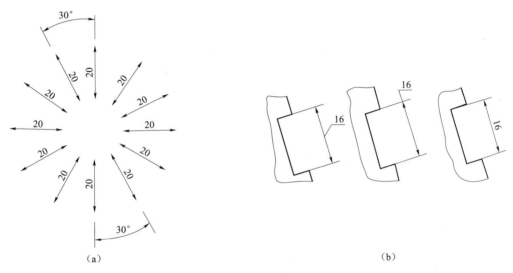

图 1-15　尺寸数字的注写方向

② 对于非水平方向的尺寸，数字可水平地注写在尺寸线的中断处，如图 1-16 所示。

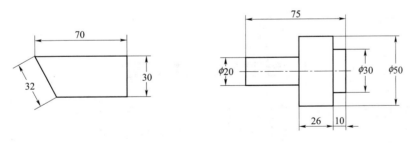

图 1-16　非水平方向的尺寸注法

（3）尺寸数字不可被任何图线所通过，否则应将该图线断开，如图 1-17 所示。

（4）角度的尺寸数字一律写成水平方向，一般注写在尺寸线的中断处，必要时也可以用指引线引出注写，如图 1-18 所示。

4. 标注尺寸的符号和缩写词

常用的符号和缩写词见表 1-5。

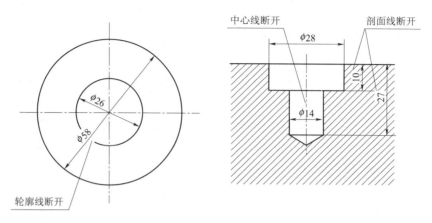

图 1-17 尺寸数字不可被任何图线穿过

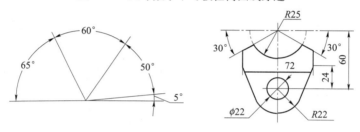

图 1-18 角度尺寸数字

表 1-5 常见符号和缩写词

名称	符号	名称	符号	名称	符号	名称	符号
直径	ϕ	球半径	SR	45°倒角	C	沉孔或锪平孔	⌴
半径	R	厚度	t	弧度	⌒	斜度	∠
球直径	$S\phi$	正方形	□	均布	EQS	锥度	◁

1.3 绘图工具及其使用方法

随着科技的发展,计算机绘图已取代了原来的手工绘图。但学生在学习机械制图课程以及技术人员现场绘制草图时,仍然会用到绘图工具。因此必须正确、熟练地使用绘图工具,既能保证绘图的质量,又能提高绘图速度和延长绘图工具使用寿命。本节对常用绘图工具及其使用方法作一些简单介绍。

1.3.1 图板

图板是供铺放和固定图纸用的木板,它由板面和四周的边框组成,板面应平整光滑,左侧导边必须平直。使用时应保证导边不损伤,在图板上将图纸放正,图纸可用胶带纸固定在图板上,如图 1-19 所示。

使用时注意图板不能受潮,不要在图板上按图钉,更不能在图板上切纸。常用图板规格

第1章 制图基本知识和技能

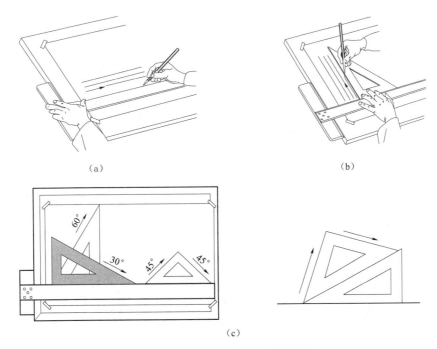

图 1-19 图纸、图板、丁字尺用法
（a）用丁字尺画水平线；（b）用丁字尺和三角板配合画竖直线；
（c）用丁字尺和三角板配合画 15°、30°、45°、60°、75°斜线

有 0 号（900 mm×1 200 mm）、1 号（600 mm×900 mm）和 2 号（450 mm×600 mm），可以根据图纸幅面的大小选择图板。

1.3.2 绘图纸

绘图纸的质地应坚实，用橡皮擦拭时不易起毛。必须用图纸的正面，识别方法是用橡皮擦拭几下，不易起毛的一面为正面。

1.3.3 丁字尺

丁字尺由尺头和尺身组成，尺头和尺身的结合处必须牢固，尺头的内侧面必须平直。丁字尺主要用来画水平线，使用时左手把住尺头，靠紧图板左侧导边，上下移动丁字尺，自左向右画不同位置的水平线，如图 1-19（a）所示。

1.3.4 三角板

三角板由 45°和 30°（60°）两块组成为一副。三角板与丁字尺配合使用可画竖直线[图 1-19（b）]和 15°倍角的斜线[图 1-19（c）]。两块三角板互相配合，可以画出任意直线的平行线和垂线，如图 1-20 所示。三角板和丁字尺要经常用细布揩拭干净。

1.3.5 圆规和分规

（1）圆规是画圆或圆弧的工具。圆规的附件有铅芯插腿、鸭嘴插腿、钢针插腿和延伸插杆。圆规的使用如图 1-21 所示。

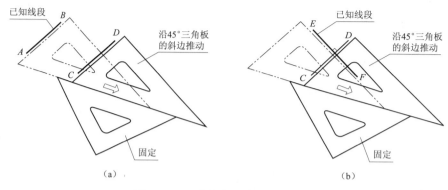

图 1-20 三角板与丁字尺配合使用
(a) 作平行线；(b) 作垂直线

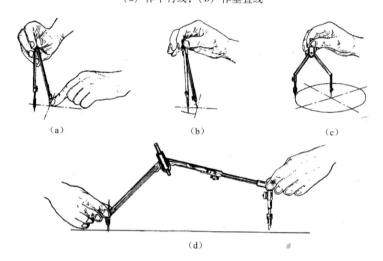

图 1-21 圆规的使用
(a) 将针尖扎入圆心；(b) 圆规向画线方向倾斜；(c) 画大圆时圆规两脚垂直纸面；(d) 加延伸插杆画大圆

（2）分规是等分线段和圆周、量取尺寸的工具，分规两钢针并拢后应对齐，如图 1-22（a）所示。分规的使用如图 1-22（b）所示。

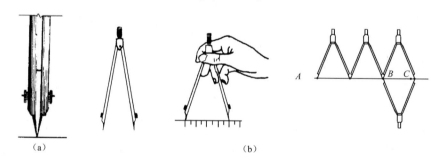

图 1-22 分规及其使用

1.3.6 铅笔

铅笔是画线和写字用的工具。绘图用的铅芯软硬不同，标号"H"表示硬铅芯，标号

"B"表示软铅芯，H（或B）前面数值越大越硬（或越软），"HB"表示软硬适中。常用H、2H铅笔画底稿线，用HB铅笔加深直线、B铅笔加深圆弧、H铅笔写字和画各种符号。铅笔从没有标号的一端开始使用，以保留铅芯硬度的标号。铅芯应磨削的长度及形状如图1-23所示，注意画粗、细线的笔尖形状的区别。绘图时应保持笔杆前后方向与纸面垂直，并向画线运动方向自然倾斜。

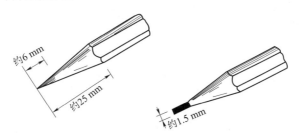

图1-23 铅笔铅芯形状

1.4 几何作图

机器零件的轮廓形状是多种多样的，但表示形状的几何图形基本上都是由直线、圆弧和其他一些曲线组成的。因此，绘图时必须熟练地掌握几何图形的作图方法和技巧，以提高绘图的速度和保证作图的准确性。

1.4.1 等分已知线段

用辅助线法把已知线段五等分的方法，如图1-24所示。步骤如下：

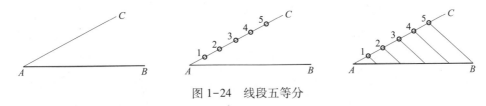

图1-24 线段五等分

（1）过已知直线段 AB 的一个端点 A 任作一条射线 AC，由此端点起在射线上用分规以任意长度截取五等份；
（2）将射线上的等分终点与已知直线段的另一端点 B 连线，并过射线上各等分点作此连线的平行线，与已知直线段 AB 相交，交点即为所求的等分点。

1.4.2 等分圆周，作正多边形

等分圆周是作正多边形的基础，将等分点依次连接即得到对应的圆内接正多边形。
（1）圆周三、六、十二等分，如图1-25所示。
用绘图工具作圆的内接正六边的方法有两种，如图1-26所示。
第一种方法：以点 A、B 为圆心，以原来圆的半径为半径画圆弧，截圆于1、2、3、4，即得圆周六等分点。

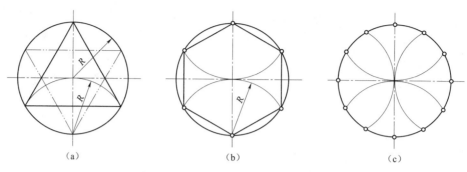

图 1-25 圆周三、六、十二等分
(a) 三等分；(b) 六等分；(c) 十二等分

第二种方法：用60°三角板自2作弦21，右移至5作弦45，旋转三角板作弦23、65。用丁字尺作弦16和34，即得正六边形。

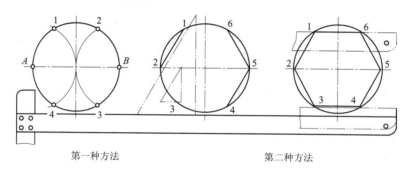

第一种方法　　　　　　第二种方法

图 1-26 正六边形画法

（2）圆周五等分，其作图方法如图1-27所示。

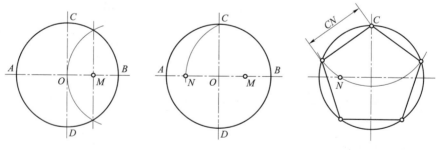

图 1-27 圆的内接正五边形

① 等分半径 OB 得中点 M；
② 以 M 为圆心，MC 为半径画弧，得交点 N；
③ 以 CN 为边长，自 C 点起等分圆周，并顺次连接各等分点，即得正五边形。

1.4.3 斜度和锥度

1. 斜度 S

斜度是一直线对另一直线或一平面对另一平面的倾斜程度。斜度大小是以两直线（或两平面）之间夹角的正切来表示的，即：$S=\tan\alpha=H:L=1:(L/H)=1:n$，在图样中，斜度常以 $1:n$ 的形式表示，并在其前面加上斜度符号"∠"，如图1-28（a）所示。图1-28（b）所示为斜度的作法及标注方法。

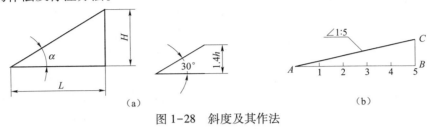

图1-28　斜度及其作法
(a)斜度及斜度符号；(b)斜度的作法及标注

2. 锥度 C

锥度是指正圆锥的底圆直径与圆锥高度之比，而圆台锥度就是两个底圆直径之差与圆台高度之比，即：锥度 $C=D:L=(D-d)/l=2\tan(\alpha/2)$，在图样中，锥度也以 $1:n$ 的形式表示，并在其前面加上锥度符号，锥度符号的画法如图1-29（a）所示。图1-29（b）所示为锥度的作法及标注方法。

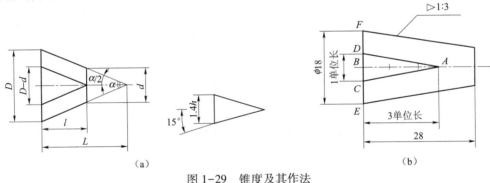

图1-29　锥度及其作法
（a）锥度及锥度符号；（b）锥度作图及标注

1.4.4　圆弧连接

在实际零件上，经常会遇到由一个表面（平面或曲面）光滑地过渡到另一个表面的情形，这种过渡称为面面相切。需要用一个已知半径的圆弧来光滑连接（即相切）两个已知线段（直线段或曲线段）的连接称为圆弧连接。此圆弧称为连接圆弧，两个切点称为连接点。为了保证光滑连接，必须正确地作出连接弧的圆心和两个连接点，且保证两个被连接的线段都要正确地画到连接点为止。如图1-30所示。

1. 圆弧连接基本原理

图1-31所示为圆弧连接基本原理。

（1）与已知直线相切且半径为 R 的圆弧，其圆心轨迹为与已知直线平行且距离为 R 的两直线，连接点为自圆心向已知直线所作垂线的垂足，如图1-31（a）所示。

（2）与已知圆弧相外切的圆弧，其圆心轨迹为已知圆弧的同心圆，半径为连接圆弧与已知圆弧的半径之和，连接点为连心线与已知圆弧的交点，如图1-31（b）所示。

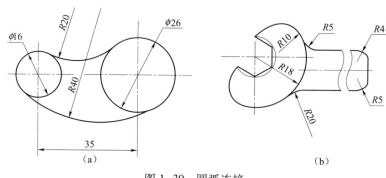

图 1-30 圆弧连接

（3）与已知圆弧相内切的圆弧，其圆心轨迹为已知圆弧的同心圆，半径为连接圆弧与已知圆弧的半径之差，连接点为连心线的延长线与已知圆弧的交点，如图 1-31（c）所示。

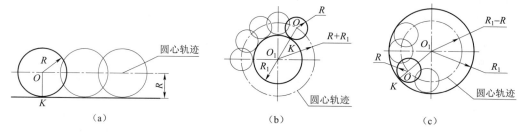

图 1-31 圆弧连接基本原理

2. 圆弧连接的作图步骤

（1）根据圆弧连接的作图原理，求出连接弧的圆心；
（2）求出切点（即连接点）；
（3）用连接弧半径画弧；
（4）描深，为保证连接光滑，一般应先描圆弧，后描直线。

3. 圆弧连接的应用实例

圆弧连接的应用实例见表 1-6。

表 1-6 圆弧连接作图步骤和实例

连接形式	几何条件	作图步骤和实例	
用圆弧连接两已知直线	已知：直线 AB、CD。求作：半径为 R 的圆弧与 AB、CD 相切	① 求圆心：以半径 R 为距离分别作 AB、CD 的平行线，两线交点 O 即为圆心。	② 求切点：过 O 点分别向 AB、CD 作垂线，垂足 K、K_1 即为切点。

续表

连接形式	几何条件	作图步骤和实例	
用圆弧连接两已知直线	已知：直线 AB、CD。求作：半径为 R 的圆弧与 AB、CD 相切	③ 画圆弧：以 O 为圆心，以 R 为半径，在两切点之间画圆弧。	④ 实例：支架
用圆弧连接已知直线和已知圆弧	已知：直线 AB 和半径为 R_1、圆心为 O_1 的圆弧。求作：半径为 R 的圆弧与直线 AB 和圆心为 O_1 的圆弧相切	① 求圆心：以半径 R 为距离作 AB 的平行线 L，以 O_1 为圆心、$R+R_1$ 为半径作弧交直线 L 为 O，点 O 即为所求圆心。③ 画圆弧：以 O 为圆心，以 R 为半径，在两切点之间画圆弧。	② 求切点：过 O 点向 AB 作垂线，垂足 K 为切点；OO_1 连线与已知圆弧交点 K_1 为另一切点。④ 实例：托架
用圆弧内切连接两已知圆弧	已知：半径为 R_1、R_2，圆心为 O_1、O_2 的两个圆弧，求作：半径为 R 的圆弧，使其与 O_1、O_2 圆弧相内切	① 求圆心：以 O_1 为圆心、$R-R_1$ 为半径，O_2 为圆心、$R-R_2$ 为半径分别画圆弧，两弧交点 O 为所求圆心。	② 求切点：将 OO_1、OO_2 连线延长与已知圆弧相交，交点 K_1、K_2 即为所求切点。

续表

连接形式	几何条件	作图步骤和实例	
用圆弧内切连接两已知圆弧	已知：半径为 R_1、R_2，圆心为 O_1、O_2 的两个圆弧，求作：半径为 R 的圆弧，使其与 O_1、O_2 圆弧相内切	③ 画圆弧：以 O 为圆心，以 R 为半径，在两切点之间画圆弧。	④ 实例：连接板
用圆弧外切连接两已知圆弧	已知：半径 R_1、R_2，圆心为 O_1、O_2 的两个圆弧。求作：以半径为 R 的圆弧，使其与 O_1、O_2 两圆弧相外切	① 求圆心：以 O_1 为圆心、$R+R_1$ 为半径，O_2 为圆心、$R+R_2$ 为半径分别画圆弧，两弧交点 O 即为所求圆心。③ 画圆弧：以 O 为圆心，以 R 为半径，在两切点之间画圆弧。	② 求切点：分别连接 OO_1 和 OO_2，它们与已知圆弧的交点 K_1、K_2 即为所求切点。④ 实例：连接板

1.5 平面图形的画法

平面图形由许多线段连接而成，这些线段之间的相对位置和连接关系靠给定的尺寸确定。画图时，只有通过分析尺寸和线段间的关系，才能明确画该平面图形应从何处着手，以及按什么顺序作图。

1.5.1 尺寸分析

根据在平面图形中所起的作用，尺寸可分为定形尺寸与定位尺寸两大类。

1. 定形尺寸

确定图形中线段的长度、圆弧的半径、圆的直径和角度等大小的尺寸称为定形尺寸，如

图 1-32 中的 $\phi 8$、$R8$、25 等。

2. 定位尺寸

确定图形中各几何元素相对位置的尺寸，称为定位尺寸，如图 1-32 中的尺寸 24、11 等。定位尺寸应从基准出发标注，尺寸基准是标注尺寸的起点。平面图形中常用的尺寸基准多为图形的对称线、较大圆的中心线或图形的轮廓线等。定形与定位这两类尺寸在绘制平面图形时经常出现，有时一个尺寸既可以是定形尺寸又可以是定位尺寸。

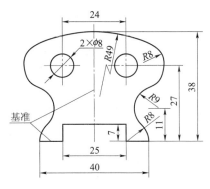

图 1-32 平面图形分析

1.5.2 线段分析

平面图形中的线段有直线和圆弧，根据图线尺寸完整与否，可分为三类。

（1）已知圆弧：定形尺寸和定位尺寸都齐全（两个定位尺寸）的圆弧，如图 1-32 中尺寸 $\phi 8$。

（2）中间圆弧：只有定形尺寸和一个定位尺寸的圆弧，如图 1-32 中的尺寸 $R49$。

（3）连接圆弧：只有定形尺寸而无定位尺寸的圆弧，如图 1-32 中的尺寸 $R9$。

作图时由于已知圆弧有两个定位尺寸，故可直接画出；中间圆弧缺少一个定位尺寸，但它总是与一个已知线段连接，利用相切条件即可画出；连接圆弧缺少两个定位尺寸，只有借助该圆弧与已知两线段的相切条件才能画出。

画图时应先画已知线段，再画中间线段，最后画连接线段。

1.5.3 平面图形作图步骤

1. 准备工作

（1）准备好绘图工具；

（2）根据图形的复杂程度，分析图形的尺寸及其线段，按国家标准规定，确定比例，选择图幅；

（3）将图板、丁字尺擦拭干净，图纸固定在图板上，拟定具体的作图顺序。

2. 绘制底稿

（1）画底稿的步骤如图 1-33 所示。

用削尖的 H 或 2H 铅笔画底稿，笔芯应经常修磨以保持尖锐。底稿线要分清线型，但线型均暂时不分粗细，并要画得很轻很细，作图力求准确。先画图框线和标题栏，然后再"布图"。

（2）图形布局应均匀，要尽量避免图形过于拥挤在一块或偏靠图框的一边，估算出图形大小和所在位置，画出每个图形两个方向的基准线。

（3）按已知图形和投影规律以及图样画法的标准进行画图，根据各个封闭图形的定位尺寸画出定位线；先画已知线段，再画中间线段，最后画连接线段。

3. 校核底稿

校核图形是否有错画、漏画的图线，发现问题及时改正。校核无误后，把画错的线条及作图辅助线用软橡皮轻轻擦净，以无痕迹为好。

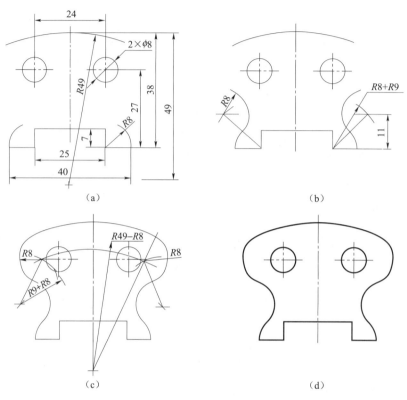

图 1-33 平面图形画图步骤

4. 描深

描深并加粗粗实线，用 B 铅笔画直线，用 2B 铅笔画圆或圆弧；用 HB 或 H 铅笔加深细虚线、点画线、细实线。描深后的图纸应整洁、没有错误，线型层次清晰，线条光滑、均匀并浓淡一致。

描深步骤：应先曲后直、先粗后细、先正后斜；先用丁字尺画水平线，后用三角板画竖直线和斜线。

1.6 徒手绘图

徒手图也称草图，是用目测来估计物体的大小，不借助绘图工具，徒手绘制的图样。在工作中，工程技术人员时常需要徒手迅速准确表达自己的设计思想，或把所需的技术资料通过徒手画图迅速记录下来，故徒手作图是技术人员必备的基本技能。

绘制草图时应做到图形清晰、线型分明、比例匀称，并应尽可能使图线光滑、整齐，绘图速度要快，标注尺寸要准确、齐全，字体工整。初学者徒手画图，最好在方格纸上进行，以便控制图线的平直和图形大小。经过一定的训练后，最后达到在白纸上画出匀称、工整的草图的目的。具体画图方法如图 1-34～图 1-37 所示。

1. 直线的画法

画直线执笔要稳，将笔放在起点而眼睛看着图线的终点，均匀用力，匀速运笔，切忌一小段一小段地描绘。画水平线时，为了便于运笔，可将图纸微微左倾，自左向右画线，如图 1-34 所示。画竖直线时，应自上而下运笔画线。画 30°、45°、60°等常见角度斜线时，可根据两直角边的比例关系先定出两端点，然后连接两端点即为所画角度线，如图 1-35 所示。

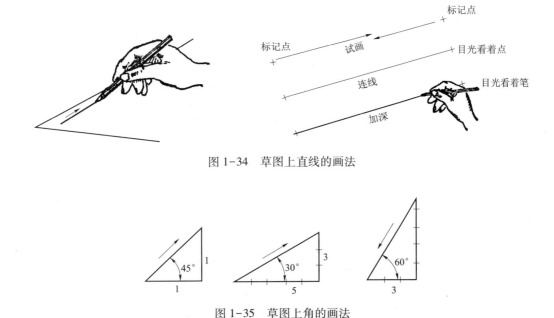

图 1-34　草图上直线的画法

图 1-35　草图上角的画法

2. 画圆

画圆时，先确定圆心位置，并过圆心画出两条中心线；画小圆时，可在中心线上按半径目测出四点，过四点可以一笔或两笔画圆；当圆直径较大时，可以通过圆心多画几条不同方向的直线，按半径目测出一些直径端点，再徒手连点画圆，如图 1-36 所示。徒手画图，最重要的是要保持物体各部分的比例关系，确定出长、宽、高的相对比例。画图过程中随时注意将测定线段与参照线段进行比较、修改，避免图形与实物失真太大。对于小的机件可利用手中的笔估量各部分的大小，对于大的机件则应取一参照尺度，目测机件各部分与参照尺度的倍数关系。

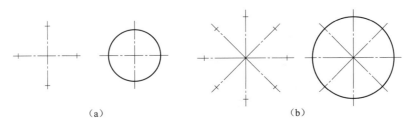

图 1-36　圆的徒手画法
（a）小圆画法；（b）大圆画法

3. 圆角、曲线连接、椭圆的画法

对于圆角、曲线连接、椭圆的画法，可以尽量利用圆弧与正方形、菱形相切的特点进行画图，如图 1-37 所示。

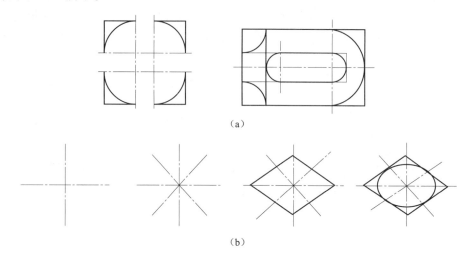

图 1-37　圆角、曲线连接、椭圆徒手画法

4. 利用方格纸画草图

便于用目测比例来控制图形各部分的比例及投影关系，而且充分利用格线来画中心线、轴线、水平线和垂线，更方便、准确，如图 1-38 所示。

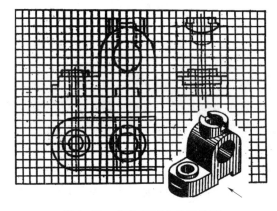

图 1-38　在方格纸上徒手作图

第 2 章　投影基础知识

2.1　投　影　法

工程上有各种不同的图样，如机械图样、建筑图样等，都是用不同的投影方法绘制出来的。机械图样是用正投影法绘制的。本章主要介绍正投影的基本方法和性质、多面视图的形成和有关规律，并简要介绍图与物的对应关系。

2.1.1　投影法及其分类

1. 投影法的概念

在日常生活中，当物体在太阳光或灯光照射下，就会在地面或墙壁上产生影子。影子在某些方面反映出物体的形状特征，这就是常见的投影现象。人们根据生产活动的需要，对这种现象加以抽象和总结，逐步形成了投影法。

所谓投影法就是一组投射线通过物体，向选定平面上投射，得到图形的方法。选定的平面 P 称为投影面，在 P 面上所得到的图形称为投影，如图 2-1 所示。

2. 投影法的分类

工程上常见的投影法有中心投影法和平行投影法。

（1）中心投影法。投射线交于一点的投影法称为中心投影法，如图 2-1 所示。在中心投影法中，如果光源、物体、投影面三者中，任意因素对其他两因素的距离发生改变，则其投影也随之改变。由图 2-1 可见，空间四边形 $ABCD$ 比其投影 $abcd$ 四边形小。所以，中心投影法所得投影不能反映物体的真实形状和大小，度量性差，在机械图样中很少使用。但中心投影法得到的投影有较强的立体感，一般用于建筑物直观图（透视图）中，如图 2-2 所示。

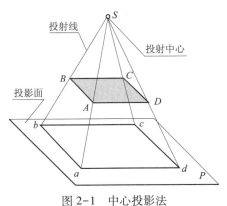

图 2-1　中心投影法

图 2-2　透视图

（2）平行投影法。假设将投射中心移至无限远处，则投射线互相平行，这种投射线相互平行的投影法，称为平行投影法，如图 2-3 和图 2-4 所示。平行投影法分为斜投影法和正投影法两种。

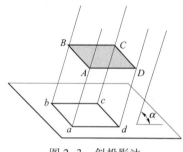 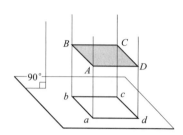

图 2-3　斜投影法　　　　　　　　图 2-4　正投影法

① 斜投影法。投射线相互平行，但倾斜于投影面，这种投影方法称为斜投影法，采用斜投影法所得到的图形，称为斜投影或斜投影图，如图 2-3 所示。

② 正投影法。投射线相互平行且与投影面垂直，这种投影方法称为正投影法，采用正投影法所得到的图形，称为正投影或正投影图，如图 2-4 所示。由图可知，正投影能如实表达空间物体的形状和大小，作图比较方便，因此绘制机械图样主要采用正投影法，并将正投影简称为投影。

3. 正投影特性

（1）显实性：当直线或平面与投影面平行时，直线的投影反映实长，平面投影反映实形，如图 2-5 所示。

正投影特性

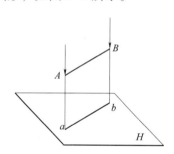

图 2-5　正投影的显实性

（2）积聚性：当直线或平面与投影面垂直时，直线的投影积聚成一点，平面的投影积聚成一条直线，如图 2-6 所示。

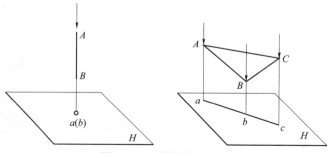

图 2-6　正投影的积聚性

（3）类似性：当直线或平面与投影面倾斜时，直线的投影为小于空间直线实长的直线段，平面的投影为小于空间平面实形的类似形，如图2-7所示。

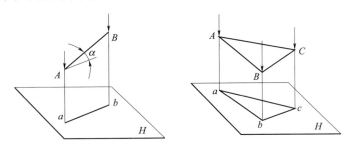

图2-7 正投影的类似性

2.2 三视图的形成及投影规律

2.2.1 视图的概念

用正投影法绘制物体的投影时，可将人的视线假想成相互平行且垂直于投影面的一组投射线，则物体在投影面上的投影称为视图，如图2-8所示。

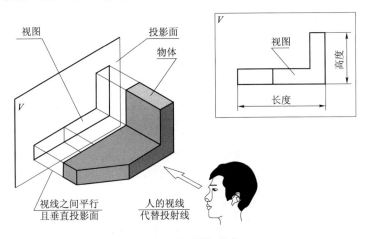

图2-8 视图的形成

一般情况下，一个视图不能准确、完整地表达物体的形状，需用几个视图同时表达，工程上常用三视图。

2.2.2 三视图的形成

1. 三投影面体系的建立

三投影面体系由三个相互垂直的投影面组成，如图2-9所示。三个投影面分别为正立投影面（简称正面，用 V 表示）、水平投影面（简称水平面，用 H 表示）和侧立投影面（简称侧面，用 W 表示），投影面之间的交线称为投影轴，如 OX、OY、OZ，分别简称为 X 轴、Y 轴、Z 轴。三投影轴相互垂直，其交点 O 称为原点。

2. 物体在三投影面体系中的投影

将物体放置在三投影面体系中，按正投影法，自物体的前面、上面和左侧面向三个投影面投射，分别得到正面投影、水平投影和侧面投影，即主视图、俯视图和左视图，如图 2-10 所示。

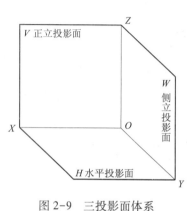

图 2-9　三投影面体系

图 2-10　三视图的形成

3. 三投影面的展开

为把三个视图画在一张图纸上，必须将相互垂直的三个投影面展开在同一个平面上。展开方法如图 2-11（a）所示。正立投影面不动，OY 轴分为两处，分别用 OY_H（在 H 面上）和 OY_W（在 W 面上）表示，将水平投影面绕 OX 轴向下旋转 90°，将侧立投影面绕 OZ 轴向右旋转 90°。展开后得到三视图，如图 2-11（b）所示。

由图 2-11 可知，三个视图分别反映物体在三个不同方向上的形状和大小。

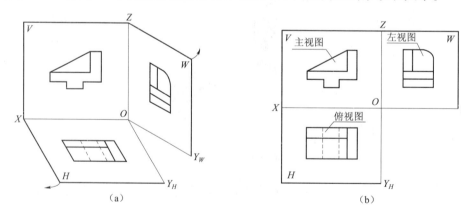

图 2-11　三投影面展开

（a）三投影面的展开方法；（b）三投影面展开在一个平面上

2.2.3　三视图的对应关系及投影规律

1. 三视图的位置关系

主视图位置确定后，俯视图在它的正下方，左视图在它的正右方，各

三视图的对应关系

视图名称不必标注，如图 2-11（b）所示。以后画图时，不必画出投影面的范围。

2. 三视图的方位关系

物体在三投影面体系中的位置确定后，它的左右、前后和上下的位置关系也就在三视图上明确地反映出来，每个视图只能反映物体两个方向的位置关系，如图 2-12 所示。

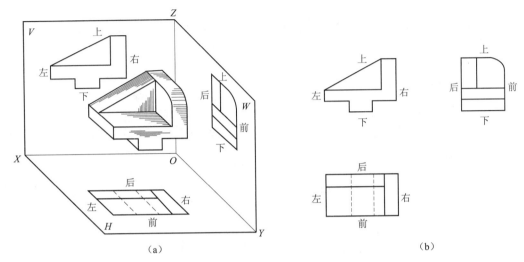

图 2-12 三视图与物体的方位关系

主视图——反映物体的上、下和左、右；
俯视图——反映物体的左、右和前、后；
左视图——反映物体的上、下和前、后。

俯、左视图靠近主视图的一侧，均表示物体的后面；远离主视图的一侧，均表示物体的前面。

一般将三视图中任意两视图组合起来看，才能完全看清物体的上、下、左、右、前、后六个方位的相对位置。

3. 三视图的尺寸对应关系

任何物体都有长、宽、高三方向尺寸。若将 X 方向定义为物体的"长"，Y 方向定义为物体的"宽"，Z 方向定义为物体的"高"，则物体的长、宽、高在三视图上的对应关系从三视图的形成过程中可以看出，每个视图能反映物体两个方向的尺寸：即主视图反映物体的长度（X）和高度（Z）；俯视图反映物体的长度（X）和宽度（Y）；左视图反映物体的高度（Z）和宽度（Y）。

由此可归纳出三视图间的"三等"关系，如图 2-13 所示：

主、俯视图——长对正；
主、左视图——高平齐；
俯、左视图——宽相等。

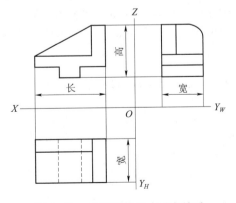

图 2-13 三视图的尺寸对应关系

应当指出，无论是整个物体还是物体的局部，其三视图都必须符合"长对正，高平齐，宽相等"的"三等"关系。

2.3 点的投影

点是最基本的几何要素。要想正确地画出物体的三视图，首先应该从研究点的投影规律入手。

2.3.1 点的投影及标记

点的投影仍然是点，而且在每个投影面上是唯一的，如图 2-14（a）所示，将空间点 A 放在三投影面体系中，自点 A 分别向三个投影面作垂线，则其垂足 a、a'、a'' 即为点 A 在 H 面、V 面、W 面的投影。

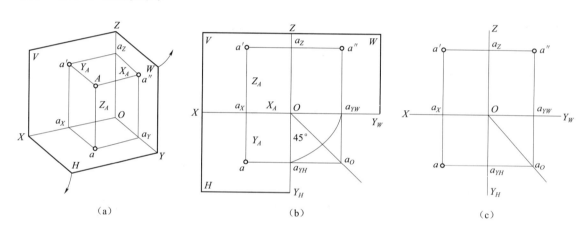

图 2-14 点的投影
（a）轴测图；（b）投影面的展开；（c）投影图

关于空间点及其投影的标记，有如下规定：空间点用大写拉丁字母或罗马字母表示，如 A、B、C…或 Ⅰ、Ⅱ…；水平投影用相应的小写字母表示，如 a、b、c…或 1、2…；正面投影用相应的小写字母加一撇表示，如 a'、b'、c'…或 $1'$、$2'$…；侧面投影用相应的小写字母加两撇表示，如 a''、b''、c''…或 $1''$、$2''$…。已知空间点的其中两个投影，才可唯一确定空间点的位置。

2.3.2 点的三面投影

画投影图时需要将三个投影面展开到同一个平面上。展开的方法与前面讲述的一样，即 V 面不动，将水平投影面 H 和侧立投影面 W 分别绕 OX 轴和 OZ 轴向下和向右旋转 90°并与 V 面重合，如图 2-14（a）所示。其中 OY 轴旋转后出现两个位置，随着 H 面旋转到 OY_H 的位置，随着 W 面旋转到 OY_W 的位置。这样就得到了点 A 的三面投影图，如图 2-14（b）所示。去掉投影面边框，便成为图 2-14（c）的形式。

点的投影规律

通过点的三面投影图的形成过程,可总结出点的投影规律:

(1) 点的正面投影与水平投影的连线垂直于 OX 轴($aa' \perp OX$),点的正面投影与侧面投影的连线垂直于 OZ 轴(即 $a'a'' \perp OZ$)。

(2) 点的投影到投影轴的距离,等于空间点到相应的投影面的距离,即点面距等于影轴距。

$a'a_X = a''a_{YW} = A$ 点到 H 面的距离 Aa;

$aa_X = a''a_Z = A$ 点到 V 面的距离 Aa';

$aa_{YH} = a'a_Z = A$ 点到 W 面的距离 Aa''。

利用点投影规律,根据点的两面投影,便可作出第三面投影。

例 2.1 如图 2-16 所示,已知点 A 的两面投影 a 和 a',求作第三面投影 a''。

作图:由于 $a'a''$ 垂直于 OZ 轴,a'' 必在过 a' 且垂直于 OZ 轴的直线上,作 $a'a'' \perp OZ$ 轴;又由于 a'' 到 OZ 轴的距离等于 a 到 OX 轴的距离,作 $a''a_Z = aa_X$,便可确定 a'' 的位置,如图 2-15 (b)、(c) 所示。作图时,可以通过 45°辅助线作出(图 2-15 (b)),也可通过画圆弧作出(图 2-15 (c))。

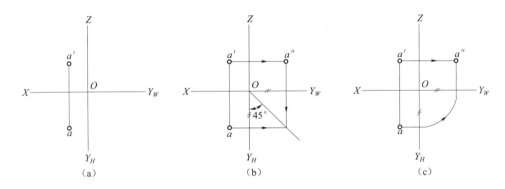

图 2-15 求点的第三面投影

2.3.3 点投影与直角坐标的关系

若将三投影面体系看作空间直角坐标系,则 V、H、W 面即为坐标面,OX、OY、OZ 轴即为坐标轴,O 点即为坐标原点。由图 2-14 (a) 可知,A 点的三个直角坐标 X_A、Y_A、Z_A 即为 A 点到三个投影面的距离,A 点坐标与 A 点投影的关系如下:

$$X_A = aa_{YH} = a'a_Z = A \text{ 点到 } W \text{ 面的距离 } Aa''$$

$$Y_A = aa_X = a''a_Z = A \text{ 点到 } V \text{ 面的距离 } Aa'$$

$$Z_A = a'a_X = a''a_{YW} = A \text{ 点到 } H \text{ 面的距离 } Aa$$

点 A(X_A,Y_A,Z_A)在三投影面体系中有唯一的一组投影 a,a',a'',且 a 反映 X、Z 坐标,a' 反映 X、Y 坐标,a'' 反映 Y、Z 坐标。反之,若已知 A 点的三面投影中的任意两个,即可确定该点的空间坐标。

2.3.4 两点的相对位置

1. 两点的相对位置的判断

空间两点相对位置,可在它们的三面投影中反映出来。正面投影反映两点的左右、上下关系；水平投影反映前后、左右关系；侧面投影反映前后、上下关系。两点在投影面上的相对位置，由两点的坐标值来确定。两点的左、右相对位置由 X 坐标值确定，X 坐标值大者在左；两点的前、后相对位置由 Y 坐标值确定，Y 坐标值大者在前；两点的上、下相对位置由 Z 坐标值确定，Z 坐标值大者在上。综合起来判别两点的空间相对位置。

如图 2-16 所示，要判断点 A、B 的空间位置关系，可以选定点 A（或 B）为基准，然后将点 B 的坐标与点 A 相比较。

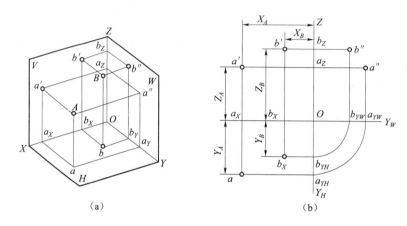

图 2-16 两点相互位置
(a) 轴测图；(b) 投影图

$X_B<X_A$，表示点 B 在点 A 的右方；
$Y_B<Y_A$，表示点 B 在点 A 的后方；
$Z_B>Z_A$，表示点 B 在点 A 的上方。

故点 B 在点 A 的右、后、上方，点 A 在点 B 的左、前、下方。

2. 重影点

当空间两点位于同一投射线上时，它们在与投射线垂直的投影面上的投影是重合的，此时空间两点叫作相对于该投影面的一对重影点。在投影图中，当两点出现重影时，要判别这两点投影的可见性。

对 H 面的重影点从上向下观察，Z 坐标值大者可见；
对 V 面的重影点从前向后观察，Y 坐标值大者可见；
对 W 面的重影点从左向右观察，X 坐标值大者可见。

如图 2-17 (a) 所示，C、D 两点位于垂直 V 面的投射线上，C、D 为对 V 面的重影点，c'、d' 重合，因 $Y_C>Y_D$，表示点 C 位于点 D 的前方，故 c' 可见而 d' 不可见，不可见的投影另加圆括弧表示，如图 2-17 (b) 中的 (d')。同理，可以画出其他投影面上的重影点，E 与 C、C 与 F 在投影面的投影，这里不再赘述。

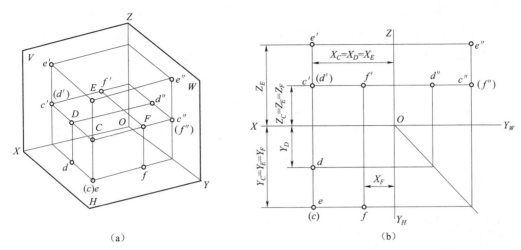

图 2-17 重影点的投影
（a）轴测图；（b）投影图

2.4 直线的投影

直线的投影一般仍为直线。画直线的投影图时，根据"直线的空间位置由线上任意两点决定"的性质，在直线上任取两点，画出它们的投影图后，再将各同面投影连线，即得到直线的三面投影，如图 2-18 所示。

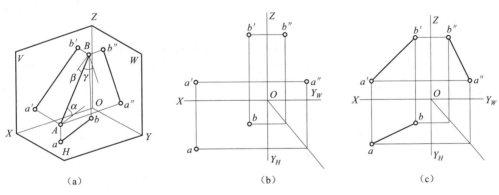

图 2-18 直线的投影

在三面投影体系中，由于空间的直线相对于三投影面位置不同，故它们的三面投影特性也就不同。

2.4.1 各种位置直线的投影

1. 一般位置直线

对三个投影面都倾斜的直线称为一般位置直线，如图 2-18（a）所示的 AB。当直线和投影面斜交时，直线和它在投影面上的投影所成的锐角，叫作直线对投影面的倾角。规定：用 α、β、γ 分别表示直线对 H、V、W 面的倾角。直线 AB 的水平投影 ab、正面投影 a'b'、

侧面投影 $a''b''$ 均为直线，如图 2-18（c）所示。直线 AB 对 H 面的倾角为 α，故水平投影 $ab=AB\cos\alpha$。同理，$a'b'=AB\cos\beta$，$a''b''=AB\cos\gamma$，所以三个投影的长度都小于线段的实长。因此，一般位置直线的投影特性为：三面投影均小于实长，且与投影轴倾斜。反之，若直线的三面投影均与投影轴倾斜，则该直线为一般位置直线。

2. 特殊位置直线

（1）投影面平行线。平行于一个投影面而对另外两个投影面倾斜的直线称为投影面平行线。平行于 H 面的称为水平线，平行于 V 面的称为正平线，平行于 W 面的称为侧平线。现以正平线为例，说明投影面平行线的投影特性，如图 2-19 所示。

投影面平行线

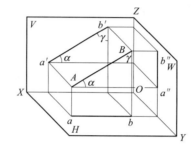

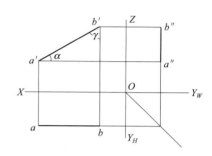

图 2-19 正平线的投影特性

由于 $AB//V$ 面，故 $a'b'=AB$，即正面投影反映实长。$Y_A=Y_B$，则 $ab//OX$，且 $ab<AB$；$a''b''//OZ$，且 $a''b''<AB$，即水平投影和侧面投影平行于相应的投影轴且小于实长。投影 $a'b'$ 与 OX 轴的夹角 α 等于直线 AB 对 H 面的倾角，$a'b'$ 与 OZ 轴的夹角 γ 等于直线 AB 对 W 面的倾角。对水平线和侧平线的投影，学生自己作同样的分析，可得出它们的投影特性，见表 2-1。

表 2-1 投影面平行线的投影特性

名称	正平线（$AB//V$ 面）	水平线（$CD//H$ 面）	侧平线（$EF//W$ 面）
直线在立体图中的位置			
轴测图			

续表

名称	正平线（AB//V 面）	水平线（CD//H 面）	侧平线（EF//W 面）
投影图			
投影规律	① 正面投影 $a'b'=AB$。 ② 水平投影 $ab//OX$，且 $ab<AB$； 侧面投影 $a''b''//OZ$，且 $a''b''<AB$。 ③ $a'b'$ 与 OX 和 OZ 的夹角 α、γ 等于 AB 对 H、W 面的倾角	① 水平投影 $cd=CD$。 ② 正投影 $c'd'//OX$，且 $c'd'<CD$； 侧面投影 $c''d''//OY_W$，且 $c''d''<CD$。 ③ cd 与 OX 和 OY 的夹角 β、γ 等于 CD 对 V、W 面的倾角	① 侧面投影 $e''f''=EF$。 ② 水平投影 $ef//OY_H$，且 $ef<EF$； 正面投影 $e'f'//OZ$，且 $e'f'<EF$。 ③ $e''f''$ 与 OY_W 和 OZ 的夹角 α、β 等于 EF 对 H、V 面的倾角

由表 2-1 可知，投影面平行线的投影具有如下特性：
① 直线在它所平行的投影面上的投影反映实长。
② 直线的其他两个投影平行于相应的投影轴且小于实长。
③ 反映直线实长的投影与投影轴的夹角等于直线对相应投影面的倾角。

反之，若直线的三个投影与投影轴的关系是一斜两平行，则该直线为投影面平行线。

（2）投影面垂直线。垂直于某一投影面的直线，称为投影面垂直线。垂直于 H 面的直线称为铅垂线，垂直于 V 面的直线称为正垂线，垂直于 W 面的直线称为侧垂线。表 2-2 表示了投影面垂线的投影特性。

投影面垂直线

表 2-2 投影面的垂直线投影特性

名称	正垂线（⊥V 面）	铅垂线（⊥H 面）	侧垂线（⊥W 面）
直线在立体图中的位置			

续表

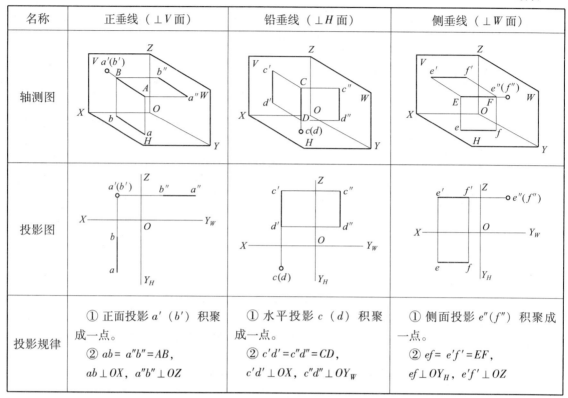

名称	正垂线（⊥V面）	铅垂线（⊥H面）	侧垂线（⊥W面）
轴测图			
投影图			
投影规律	① 正面投影 $a'(b')$ 积聚成一点。 ② $ab = a''b'' = AB$，$ab \perp OX$，$a''b'' \perp OZ$	① 水平投影 $c(d)$ 积聚成一点。 ② $c'd' = c''d'' = CD$，$c'd' \perp OX$，$c''d'' \perp OY_W$	① 侧面投影 $e''(f'')$ 积聚成一点。 ② $ef = e'f' = EF$，$ef \perp OY_H$，$e'f' \perp OZ$

由表 2-2 可知，投影面垂直线的投影有如下特性：
① 直线在它所垂直的投影面上的投影积聚成一点。
② 直线的其他两面投影反映实长，且垂直于相应的投影轴。
反之，若直线的一个投影是点，则该直线为投影面的垂直线。

2.4.2 直线上点的投影

（1）直线上的点，其各面的投影必在该直线的同面投影上，并且符合点的投影规律。反之，如果点的各面投影均在直线的同面投影上，则该点必在直线上。图 2-20 中的点 C 在 AB 上，c、c'、c'' 分别在 ab、$a'b'$、$a''b''$ 上，且 $cc' \perp OX$，$c'c'' \perp OZ$，$cc_X = c''c_Z$。

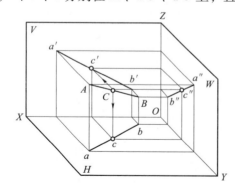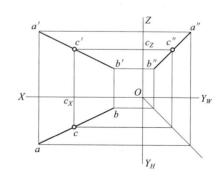

图 2-20 直线上的点

利用上述性质，可以求属于直线的点的投影。如图 2-20 所示，点 C 属于直线 AB，已知直线 AB 的三面投影和点 C 的水平投影 c，求点 C 的正面投影 c' 和侧面投影 c''。

（2）点分割线段之比，等于点的各面投影分割线段的同面投影之比。如图 2-20 所示，线段 AB 上的 C 点分割线段为 AC、CB 两段，$AC:CB=ac:cb=a'c':c'b'=a''c'':c''b''$（证明从略）。

例 2.2 已知 C 点在线段 AB 上，又知 AB 的水平投影 ab，C 点将 AB 分为 $AC:CB=3:2$，求 C 点的两面投影。

作图：如图 2-21 所示。

（1）过 a 任作一辅助线 aB_0；

（2）在辅助线 aB_0 上以任意单位长度等长截取 5 个点，C_0 为第三点，B_0 为第五分点，则 $aC_0:C_0B_0=3:2$；

（3）连接 B_0b，并过 C_0 作平行于 B_0b 的直线 C_0c，此直线与 ab 的交点 c 即为 C 点的水平投影；

（4）按点的投影规律，由 c 向 OX 轴作垂线，与 $a'b'$ 交于 c'，c' 即为 C 点的正面投影。

图 2-21 点分割线段成比例

2.4.3 两直线的相对位置

空间两直线的相对位置有平行、相交和交叉三种情况，其特性见表 2-3。

表 2-3 两直线相对位置关系与投影特性

名称	两直线平行	两直线相交	两直线交叉
轴测图			
投影图			

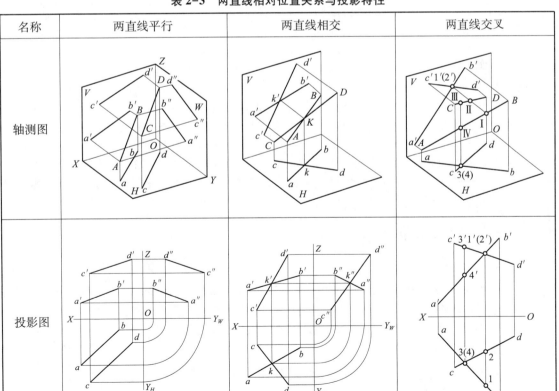

续表

名称	两直线平行	两直线相交	两直线交叉
特性	如果空间两直线平行，则它们各组同面投影都互相平行。反之，如果两直线的各组同面投影互相平行，则可判定它们平行	如果空间两直线相交，则它们的同面投影也相交，交点只有一个，且符合点的投影规律。反之，则可判断两直线相交	如果空间两直线交叉，则它们各组同面投影不会都平行，各组同面投影的交点连线不符合点的投影规律。反之，则可判断两直线交叉

2.5 平面的投影

2.5.1 平面的表示法

平面通常用确定该平面的点、直线或平面等几何元素来表示。在投影图上表示平面的方法，就是画出确定该平面的几何元素的投影，如图 2-22 所示。

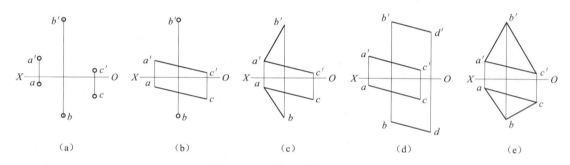

图 2-22 几何元素表示平面

（a）不在同一直线上的三点；（b）一直线和线外一点；（c）相交两直线；（d）平行两直线；（e）任意平面图形

图 2-22 中各组几何元素所表示的平面可以互相转化。例如连接图 2-22（a）中的 ab、$a'b'$，就转换为图 2-22（b）；如再作 $bd /\!/ ac$、$b'd' /\!/ a'c'$，又成了图 2-22（d）。在投影图中，常以平面图形来表示空间的平面。

2.5.2 各种位置平面的投影

1. 一般位置平面

对三个投影面都倾斜的平面，称为一般位置平面，如图 2-23 所示。三角形 ABC 平面对 H 面、V 面、W 面都是倾斜的，所以各面投影仍是三角形，但都不反映实形，而是小于实形的类似形。反之，若平面的三面投影均为类似形，则该平面为一般位置平面。

2. 特殊位置平面

（1）投影面垂直面。垂直于一个投影面而对其他两个投影面倾斜的平面，称为投影面垂直面。垂直于 H 面的平面，称为铅垂面；垂直于 V 面的平面，称为正垂面；垂直于 W 面的平面，称为侧垂面。

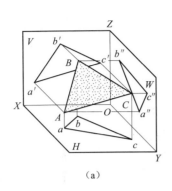
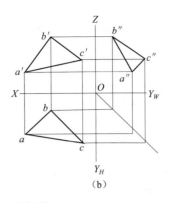

图 2-23 一般位置平面的投影

图 2-24 所示为正垂面的投影。由于平面 ABCD 垂直于 V 面，对 H、W 面倾斜，所以其正面投影 a′b′c′d′ 积聚成一条倾斜于投影轴的直线，其水平投影 abcd 以及侧面投影 a″b″c″d″ 均为小于实形的类似形，且正面投影与 OX 轴和 OZ 轴的夹角 α、γ 分别反映平面 ABCD 对 H 面和 W 面的倾角。铅垂面和侧垂面的投影特性与正垂面类似。投影面垂直面的投影特性见表 2-4。

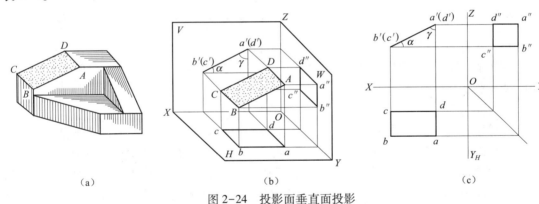

图 2-24 投影面垂直面投影

表 2-4 投影面垂直面投影特性

名称	正垂面（⊥V）	铅垂面（⊥H）	侧垂面（⊥W）
平面在立体中的位置			
轴测图			

39

续表

名称	正垂面（⊥V）	铅垂面（⊥H）	侧垂面（⊥W）
投影图			
投影规律	① 正面投影积聚为直线，且与 OX、OZ 轴倾斜； ② 水平投影和侧面投影为原平面图形的类似形	① 水平投影积聚为直线，且与 OX、OY_H 轴倾斜； ② 正投影和侧面投影为原平面图形的类似形	① 侧面投影积聚为直线，且与 OZ、OY_W 轴倾斜； ② 水平投影和正面投影为原平面图形的类似形

由表 2-4 可知，投影面垂直面有以下投影特性：

① 平面在所垂直的投影面的投影积聚成一条与投影轴倾斜的直线，它与投影轴的夹角分别反映该平面与相应投影面的倾角。

② 平面的其他两个投影均为小于实形的类似形。

（2）投影面平行面。平行于投影面的平面，称为投影面平行面。平行于 H 面的平面，称为水平面；平行于 V 面的平面，称为正平面；平行于 W 面的平面，称为侧平面。

图 2-25 所示为正平面的投影。EHNK 平面平行于 V 面，其正面投影 e'h'n'k' 反映实形，水平投影 ehnk 和侧面投影 e″h″n″k″ 均积聚成直线，且分别平行于 OX 轴和 OZ 轴。水平面和侧平面的投影特性与正平面类似，见表 2-5。

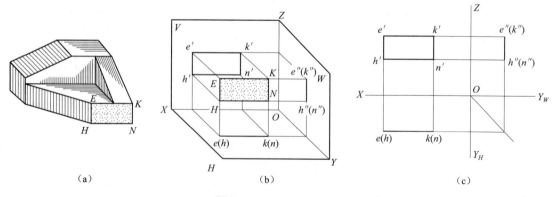

图 2-25 正平面的投影

表 2-5 投影面平行面投影特性

名称	正平面（//V）	水平面（//H）	侧平面（//W）
平面在立体图中的位置	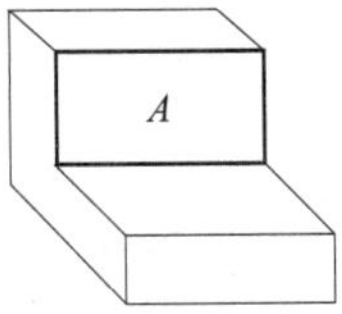	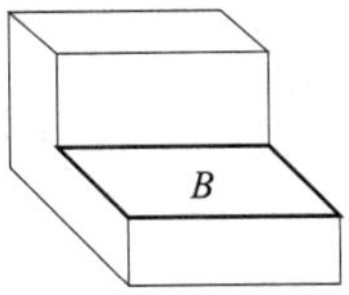	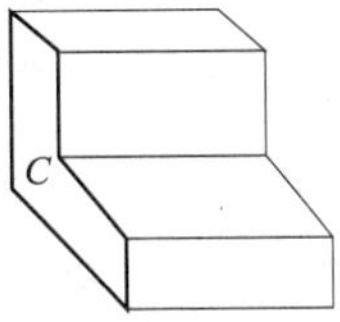
轴测图	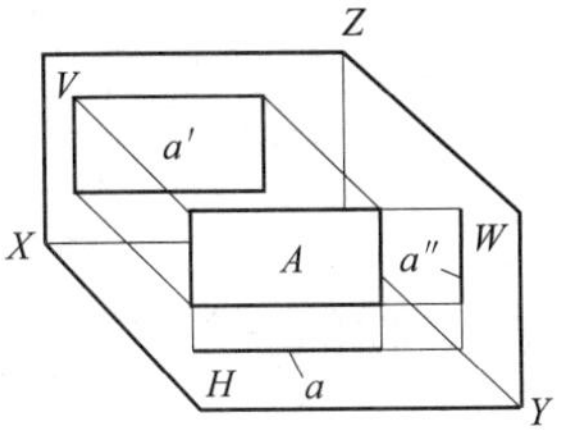	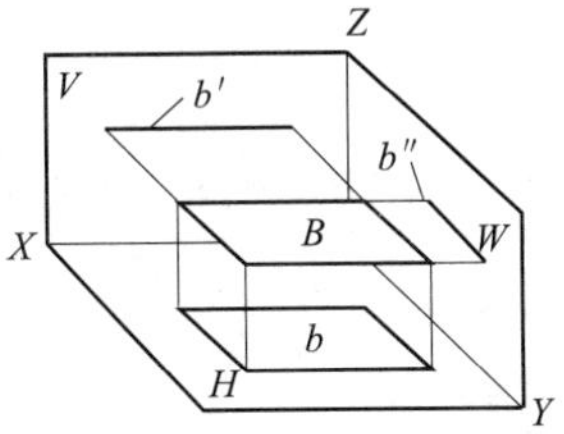	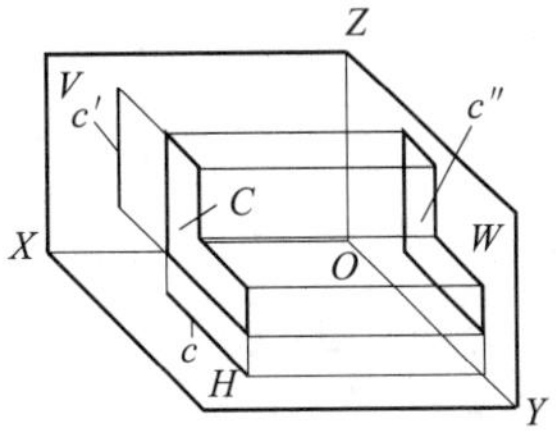
投影图	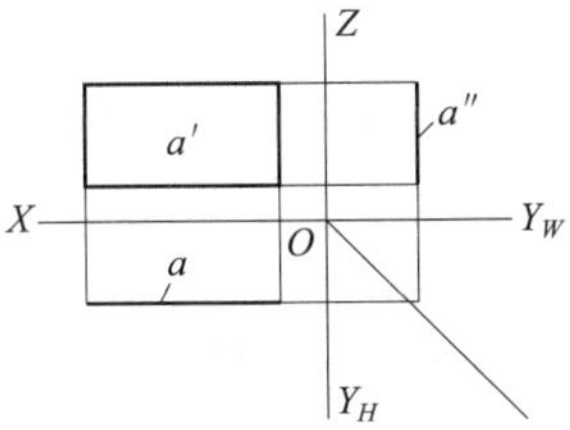	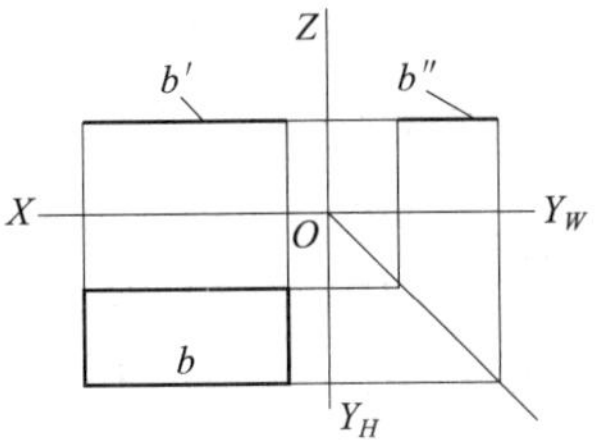	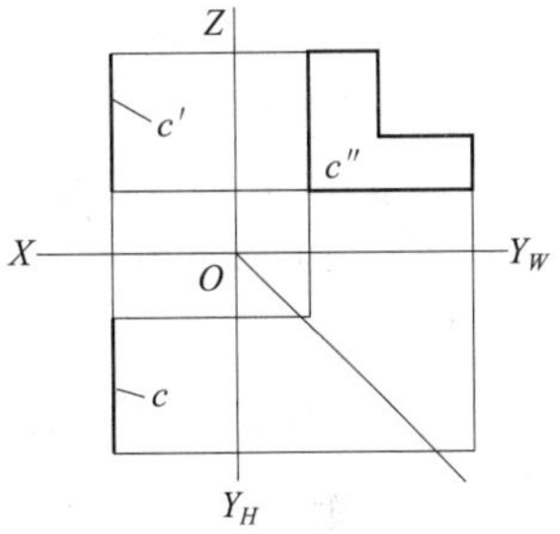
投影规律	① 正面投影反映实形。 ② 水平、侧面投影积聚为直线，且分别平行于 OX、OZ 轴	① 水平投影反映实形。 ② 正面、侧面投影积聚为直线，且分别平行于 OX、OY_W 轴	① 侧面投影反映实形。 ② 水平、正面投影积聚为直线，且分别平行于 OY_H、OZ 轴

由表 2-5 可知，投影面平行面有以下投影特性：
① 平面在所平行的投影面上的投影反映实形；
② 平面的其他两个投影均积聚成直线，且平行于相应的投影轴。

2.5.3 取属于平面的点和直线

已知平面上的点和直线的一面投影，可根据点和直线在平面上的几何条件作出其他投影。

1. 取属于平面的直线

直线属于平面，应满足下列条件之一：
(1) 直线经过属于平面的两个点；
(2) 直线经过属于平面的一点，且平行于属于该平面的另一直线。

例 2.3 如图 2-26（a）所示，已知属于△ABC 平面的点 E 的正面投影 e'，试求它的另一面投影。

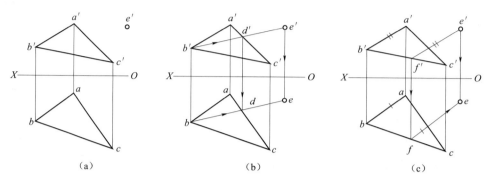

图 2-26 平面上取点的投影

分析：因为点 E 属于△ABC 平面，故过 E 作属于△ABC 平面的一条直线，则点 E 的两个投影必属于相应直线的同面投影。

作法 1（图 2-26（b））：
（1）过 E 和定点 B 作直线，即连接 e'b'，交 a'c' 于 d'；
（2）求出水平投影 d，连接 bd 并延长；
（3）过 e' 作 OX 轴的垂线与 bd 的延长线相交，交点即为 E 点的水平投影 e。

作法 2（图 2-26（c））：
（1）过点 E 作直线 EF 平行 AB，即过 e' 作 e'f'∥a'b'，交 b'c' 于 f'；
（2）求出水平投影 f，过 f 作直线平行 ab，与过 e' 作 OX 轴的垂线交于 e，即为 E 的水平投影。

2. 取属于平面的点

点属于平面的条件是：若点属于平面内的一条直线，则该点必属于该平面。因此，取属于平面的点，首先应取属于平面的线，再取属于该直线的点。

例 2.4 如图 2-27（a）所示，已知平面五边形 ABCDE 的正面投影和 ABC 三点的水平投影，又已知其边 AB∥CD，试完成平面五边形的水平投影。

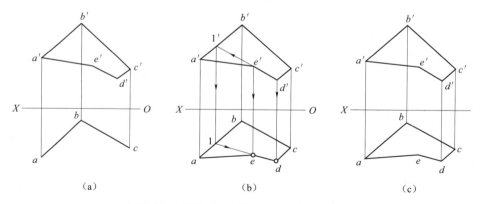

图 2-27 求平面五边形 ABCDE 的水平投影

作图（图 2-27（b））：

(1) 在水平投影面上，自 c 点作 cd//ab，由 d′ 点作 OX 轴的垂线交 cd 于 d 点；
(2) 延长 d′e′ 交 a′b′ 相交于 1′；
(3) 由 1′ 引 OX 轴的垂线，相交 ab 于 1；
(4) 连接 d 和 1 两点，由 e′ 向 OX 轴所作的垂线与 d1 交于 e；
(5) 连接 ae 和 ed，即完成平面五边形 ABCDE 的水平投影，如图 2-27（c）所示。

第 3 章　基本几何体及其表面交线

基本几何体（简称基本体）按其表面形状的不同，可以分为平面立体和曲面立体两大类。由若干个平面围成的基本体称为平面立体，如棱柱、棱锥、棱台；由曲面或平面和曲面围成的基本体称为曲面立体，零件上常用的曲面立体多为回转体，常见的有圆柱、圆锥、圆球和圆环等。

基本几何体分类

实际生产中，种类繁多、形状各异的零件都是由一些基本几何体组合而成的。因此，学习基本几何体的投影是表达各种零件形状的基础。本章主要介绍基本几何体的投影以及立体表面的交线。

3.1　平面立体的投影

如图 3-1 所示，平面立体的表面是由若干个多边形平面围成的，各相邻表面的交线称为棱线，棱线的交点称为顶点。绘制平面立体的投影就是绘制它的各表面的投影。平面立体分为棱柱和棱锥（棱台）两种。

(a)　　　　(b)　　　　(c)　　　　(d)　　　　(e)　　　　(f)

图 3-1　平面立体

3.1.1　棱柱

1. 棱柱的形成

棱柱是由相互平行的多边形的上下底面和几个四边形的侧棱面围成的立体。棱线互相平行且垂直于上下底平面的棱柱，称为直棱柱，上下底平面为正多边形的直棱柱称为正棱柱，如图 3-1（a）、(b)、(c) 所示。

棱柱

2. 棱柱的投影

图 3-2 所示为正五棱柱的投影。当正五棱柱与投影面处于图 3-2（a）所示的位置时，其上、下底面为水平面，其 H 面投影为反映实形的正五边形，另外两面投影积聚为直线。后面为正平面。其 V 面投影为反映实形的四边形，另外两面投影积聚为直

线。其余四个侧面为铅垂面，H 面投影都积聚在正五边形的边上，另外两面投影为类似形。

作图步骤：

（1）画出正五棱柱的对称中心线和底面的三面投影，如图 3-2（b）所示。

（2）画出上下底面的三面投影，如图 3-2（c）所示。

（3）由正五边形的顶点在 H 面的投影，根据三视图的投影规律画出五条为铅垂线的侧棱在 V 面、W 面上的投影，即完成正五棱柱的投影，如图 3-2（d）所示。

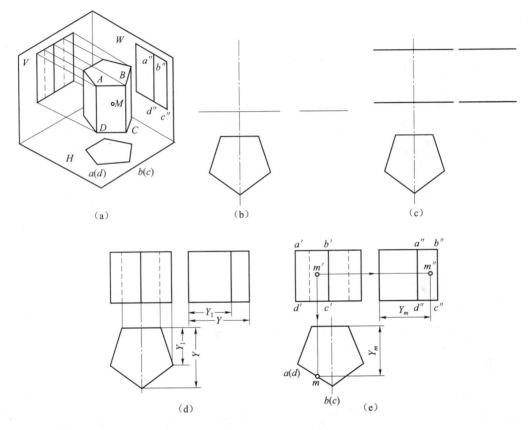

图 3-2 正五棱柱的投影过程

3. 投影特征

图 3-3 所示为三棱柱、四棱柱、五棱柱、正六棱柱以及各自的投影。由图 3-3 可知，棱柱投影的共同特征是：一面投影是反映实形的多边形，另外两面投影为若干个矩形。

4. 棱柱表面上点的投影

由于棱柱的各表面均为特殊位置平面，所以属于棱柱表面的点的投影，可以利用特殊位置平面投影的积聚性来求得。在判别可见性时，若平面处于可见位置，则该面上点的同面投影也是可见的，反之为不可见。在平面积聚投影上的点的投影，视为可见。

例 3.1 如图 3-2（e）所示，已知点 M 属于正五棱柱表面，并知点 M 的正面投影 m'，求作点 M 的其他两面投影 m 和 m"。

由 m' 的位置和可见性分析得知，M 点所在的平面 ABCD 是正五棱柱的左前侧棱面，该

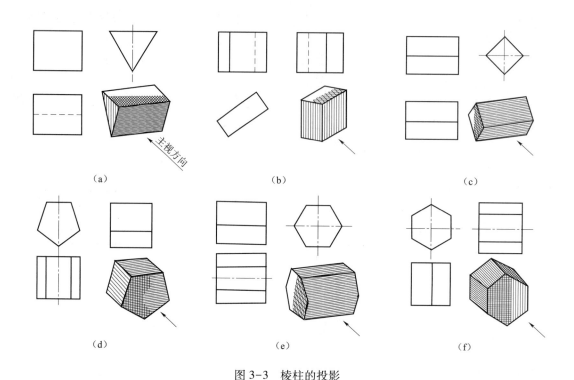

图 3-3 棱柱的投影
(a) 正三棱柱；(b) 直四棱柱；(c) 正四棱柱；(d) 正五棱柱；(e) 正六棱柱；(f) 正六棱柱

面为铅垂面，其 H 面投影积聚为一条与 X 轴倾斜的直线，V 面、W 面的投影为两个类似形。因此，M 点的水平投影 m 必积聚于该棱面的水平投影上，由 m′ 和 m 求出 M 点的侧面投影 m″。再来判断 M 点投影的可见性，由于该左侧棱面的侧面投影可见，故 m″ 也可见。

3.1.2 棱锥

1. 棱锥的形成

棱锥是由一个底面为多边形，棱面为几个具有公共顶点的三角形围成的立体（棱锥切去尖顶称棱台）。常见的棱锥有三棱锥、四棱锥、五棱锥、六棱锥等，如图 3-1 中 (d)、(e)、(f) 所示。

2. 棱锥的投影

图 3-4 所示为四棱锥的投影。当四棱锥处于图 3-4 (a) 所示位置时，底面为水平面，其 H 面投影为反映实形的四边形，另外两面投影为平行于投影轴的直线；左右两个侧面为正垂面，其 V 面投影积聚成直线，另外两面投影是类似形的三角形；前后两个侧面为侧垂面，其 W 面投影积聚成直线，另外两面投影是类似形的三角形。

作图步骤：

(1) 画出四棱锥的对称中心线和底平面的三面投影，如图 3-4 (b) 所示；
(2) 根据四棱锥的高度，确定锥顶的投影；
(3) 作底平面各点与锥顶同面投影的连线，即为四棱锥的三面投影，如图 3-4 (c) 所示。

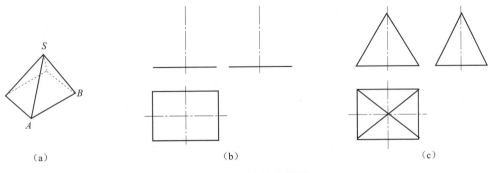

图 3-4 四棱锥的投影

3. 投影特征

图 3-5 所示为棱锥和棱台的投影。由图 3-5 可知，棱锥投影的共同特征是：三个投影面的投影均为若干个三角形；棱台投影的共同特征是：一面投影为多边形，另外两面投影为若干梯形。

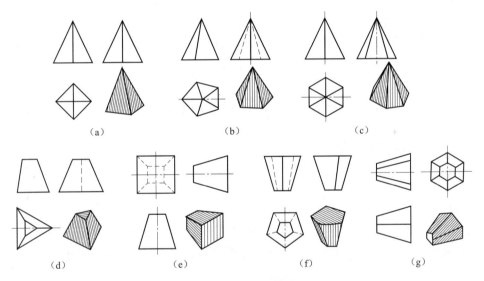

图 3-5 棱锥的投影

(a) 四棱锥；(b) 五棱锥；(c) 六棱锥；(d) 三棱台；(e) 四棱台；(f) 五棱台；(g) 六棱台

4. 棱锥表面上点的投影

与棱柱不同的是，棱锥表面的各平面不一定都是特殊位置平面。所以，求棱锥表面上点的投影时，首先要判断点所在的棱锥表面是什么位置平面。若点属于特殊位置平面，求其投影时就要利用平面投影的积聚性；若点属于一般位置平面，则要利用点属于平面的条件，通过作辅助线的方法求得其投影。

例 3.2 如图 3-6（a）所示，已知点 M 在三棱锥表面上，并知 M 点的正面投影 m'，求作点 M 的其他两面投影 m 和 m''。

点 M 所在的左侧面 $\triangle SAC$ 是一般位置平面，其投影特性是三个投影面的投影均为不反映实形的三角形，因此需用辅助线法求点 M 的另外两面投影。下面介绍两种作辅助线的方法。

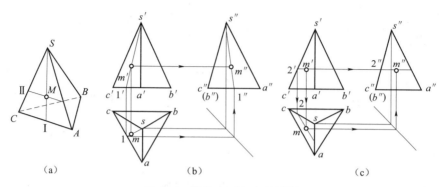

图 3-6 棱锥表面上点的投影

（1）过锥顶 S 作辅助线 $S\text{I}$，根据直线属于平面的条件，求出辅助线 $S\text{I}$ 的三面投影。然后根据属于直线的点的投影特性，可分别在 $s1$ 和 $s''1''$ 上求出点 M 的水平投影 m 及侧面投影 m''，如图 3-6（b）所示。

（2）过点 M 作与底边 AC 平行的辅助线 $M\text{II}$，求出 $M\text{II}$ 的三面投影，然后分别在 $M\text{II}$ 的水平投影 $m2$ 和侧面投影 $m''2''$ 上求出 m 和 m''，如图 3-6（c）所示。

判断点 M 投影的可见性，由于点 M 所在平面的投影均可见，所以点 M 的三面投影均可见。

3.2 回转体的投影

常见的回转体有圆柱、圆锥和圆球等。

3.2.1 圆柱

1. 圆柱的形成

圆柱体是由圆柱面和上下底面围成的。圆柱面是由一条直母线绕平行于它的轴线回转一周而形成的曲面，圆柱面上任意一条平行于轴线的直线，称为圆柱表面的素线，如图 3-7（a）所示。

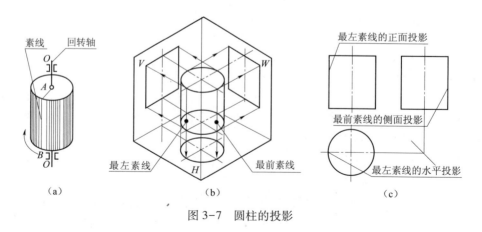

图 3-7 圆柱的投影

2. 圆柱的投影

如图 3-7（b）所示，圆柱上、下底面为水平面，其 H 面投影为反映实形的圆，V 面投影和 W 面投影积聚为直线。圆柱面的 H 面投影积聚在圆上；V 面投影为一矩形，其轮廓线为圆柱表面上最左、最右轮廓线的投影，是圆柱表面前后方向可见与不可见的分界线；W 面投影为一矩形，其轮廓线为圆柱表面上最前、最后轮廓线的投影，是圆柱表面左右方向可见与不可见的分界线。

作图步骤：

（1）用点画线画出圆的中心线和圆柱的轴线，以确定各投影图形的位置。

（2）画出上下两个底面的三面投影。

（3）画出最左、最右素线的 V 面投影和最前、最后素线的 W 面投影，如图 3-7（c）所示。

3. 投影特征

由圆柱的投影可知，其投影特征是：一面投影为圆，另两面投影为形状、大小完全相同的矩形。

4. 圆柱表面上点的投影

圆柱共有三个表面，每个表面至少有一个投影有积聚性，所以，求圆柱表面上点的投影，可以利用积聚性求得。点的可见性判别与平面立体相同。

例 3.3 如图 3-8 所示，已知圆柱面上 A 点的 V 面投影 a' 和 B 点的 W 面投影 b''，求 A、B 两点的另外两面投影。

由 a' 的位置和可见性可知，A 点在圆柱面的左前面上，可利用圆柱面水平投影的积聚性求出 a，再由 a' 和 a 按投影关系求出 a''。由于 A 点在左前面上，故其 W 面投影可见。

由 b'' 的位置和可见性可知，B 点在圆柱面最后素线上，此素线的 H 面投影积聚在圆的最后一点，V 面投影与轴线投影重合，因此，可由 b'' 作投影连线直接求得 b' 和 b。因 B 点在最后素线上，故 b' 为不可见。

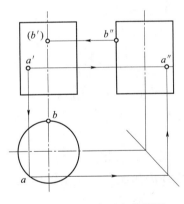

图 3-8 圆柱表面点的投影

3.2.2 圆锥

1. 圆锥的形成

圆锥体是由圆锥面和底面围成。圆锥面由一条与轴线斜交的直母线绕轴线回转一周而形成的曲面，锥面上过锥顶点的任意一条直线，称为圆锥表面的素线，如图 3-9（a）所示。

2. 圆锥的投影

如图 3-9（b）所示，圆锥底面是水平面，其 H 面投影为圆，另外两面投影积聚成直线。圆锥面的 H 面投影与底面的投影重合；V 面投影为一等腰三角形，三角形的两腰为圆锥最左、最右素线的投影，是圆锥表面前后方向可见与不可见的分界线；W 面投影为一等腰三角形，三角形的两腰为圆锥最前、最后素线的投影，是圆锥表面左右方向可见与不可见的分界线。

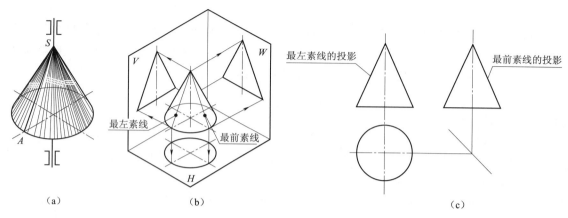

图 3-9 圆锥的投影

作图步骤:
(1) 用点画线画出圆锥的轴线、圆的中心线的三面投影,以确定圆锥各投影的位置。
(2) 画出底面及锥顶点的三面投影。
(3) 画出圆锥面最左、最右、最前、最后素线的 V 面投影和 W 面投影,如图 3-9(c)所示。

3. 投影特征

由圆锥的投影图可知,其投影特征是:一面投影为圆,另两面投影为形状、大小完全相同的两个等腰三角形。

4. 圆锥表面上点的投影

求圆锥表面上点的投影时,要根据给定的条件,分析点是位于底面,还是圆锥面。若点位于底面,则要利用底面投影的积聚性求点的投影;若点位于圆锥面上,由于圆锥表面的三面投影图都没有积聚性,故要用辅助素线法或者辅助圆法求得点的投影。

例 3.4 如图 3-10 所示,已知点 M 属于圆锥表面,并知点 M 的 V 面投影 m',分别用辅助素线法和辅助圆法求点 M 的另两面投影 m 和 m''。

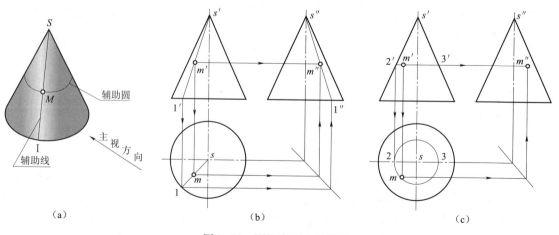

图 3-10 圆锥表面点的投影

由 m' 的位置和可见性可知，点 M 位于左前圆锥面上，作图方法有两种：

(1) 辅助素线法。过锥顶 S 和点 M 作一条辅助素线 $S\text{Ⅰ}$，如图 3-10 (a) 所示。作图时，连接 $s'm'$，并延长到与底圆的 V 面投影相交于 $1'$，求得 $s1$ 和 $s''1''$，在 $s1$ 上求出点 M 的 H 面投影 m，在 $s''1''$ 上求出点 M 的 W 面投影 m''，如图 3-10 (b) 所示。

(2) 辅助圆法。过点 M 作一个平行于底面的圆，如图 3-10 (a) 所示。作图时，过 m' 作水平线与最左、最右素线相交于 $2'$、$3'$，$2'3'$ 即为辅助圆的直径，求出该圆的水平投影。由 m' 向下作投影线与圆的前半圆周交于 m。再根据 m 和 m' 求出 m''，如图 3-10 (c) 所示。

因为点 M 在圆锥的左前面上，所以三面投影都可见。

3.2.3　圆球

1. 圆球的形成

圆球的表面是球面，球面是由一圆母线绕其直径回转而成。

2. 圆球的投影

如图 3-11 (a) 所示，圆球表面只有一个面，其三面投影均为大小相等的圆，H 面投影的圆将圆球分为上下两部分，V 面投影的圆将圆球分为前后两部分，W 面投影的圆将圆球分为左右两部分。三个圆分别是圆球表面各面投影可见性的分界线。

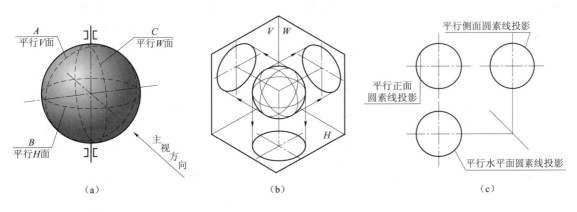

图 3-11　圆的投影

作图步骤：

(1) 用点画线画出三个圆的中心线，以确定投影的位置。

(2) 画出球的平行于投影面的三个圆的投影，即各分界圆的投影，如图 3-11 (c) 所示。

(3) 明确各分界圆在其他两投影面的投影，均与圆的相应的中心线重合，不必画出。

3. 投影特征

圆球投影的特征是：三面投影都是直径相等的圆。

4. 圆球表面上点的投影

由圆球投影特征可知，圆球表面的三个投影都没有积聚性，所以圆球表面上点的投影，除了特殊点可以直接求出外，其余一般点需要利用辅助圆法求出。最后再判断可见性。

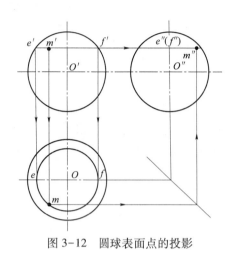

图 3-12 圆球表面点的投影

例 3.5 如图 3-12 所示,已知点 M 属于圆球表面,并知点 M 的正面投影 m',求点 M 的另外两面投影 m 和 m''。

由 m' 的位置和可见性可知,点 M 位于前半球左上部的表面。利用辅助圆法,过点 M 在球表面作一平行于 H 面的辅助圆(也可以作平行于 V 面或 W 面的辅助圆),则该辅助圆的 V 面投影为过 m' 且平行于 OX 轴的直线 $e'f'$,其 H 面投影为直径等于 $e'f'$ 的圆,W 面投影为与 Y_W 轴平行的直线。点 M 的另两面投影必在该辅助圆的同面投影上,求出 m 和 m''。最后根据点 M 的位置,判断点 M 的三面投影都是可见的。

3.3 几何体的轴测图

几何体的正投影图能准确真实地表达其结构形状,如图 3-13(a)所示。但这种图样缺乏立体感。而轴测图是用单面投影来表达物体三维空间结构形状的投影图,如图 3-13(b)所示。轴测图富有立体感,但度量性差,作图较繁,因此,在机械工程中常用其作为辅助图形来表达机器的外观效果和内部结构,多用于结构设计、技术革新、产品说明书及广告等方面。

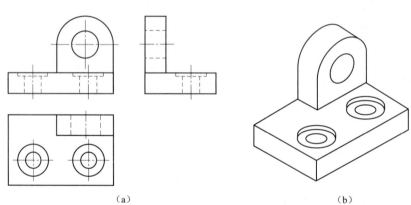

(a)　　　　　　　　　　　　(b)

图 3-13 正投影图与轴测图的比较

3.3.1 轴测图的基本概念

1. 轴测图的形成

将物体连同其所在的直角坐标系,沿不平行于任何投影面的方向,用平行投影法向单一投影面 P(即轴测投影面)进行投射,把物体长、宽、高三个方向的形状都表达出来,得到具有立体感的图形,这种投影图称为轴测投影图,简称轴测图,如图 3-14 所示。

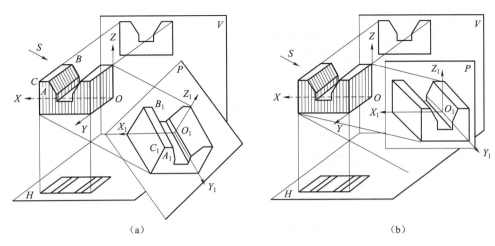

图 3-14 轴测图的形成

（1）轴测轴。直角坐标系中的坐标轴 OX、OY、OZ 在轴测投影面上的投影 O_1X_1、O_1Y_1、O_1Z_1 称为轴测轴。

（2）轴间角。轴测图中相邻两轴测轴之间的夹角 $\angle X_1O_1Y_1$、$\angle X_1O_1Z_1$、$\angle Y_1O_1Z_1$ 称为轴间角。

（3）轴向变形系数。沿轴测轴方向，线段的投影长度与其在空间的真实长度之比，称为轴向变形系数，分别用 p、q、r 表示 OX、OY、OZ 轴的轴向变形系数，即 $p=O_1A_1/OA$，$q=O_1B_1/OB$，$r=O_1C_1/OC$。

2. 轴测图的性质

由于轴测图是用平行投影法绘制的，所以具有平行投影的特性。

（1）物体上平行于坐标轴的线段，在轴测图上平行于相应的轴测轴。

（2）物体上互相平行的线段，在轴测图上仍然互相平行。

画图时，平行于轴测轴的线段可按规定的轴向变形系数度量其长度，不平行于轴测轴的线段不能直接度量其长度，而应分别作出线段两端点的轴测图，然后连接得到直线的轴测图。

轴测图中一般只画出可见部分的轮廓线，必要时可用细虚线画出其不可见的轮廓线。

画轴测图时，轴测轴位置的设置可选择在物体上最有利于画图的位置上，图 3-15 所示为设置轴测轴位置的示例。

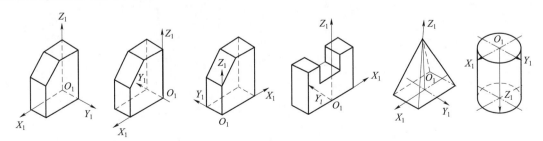

图 3-15 轴测轴位置设置示例

3. 轴测图的种类

由轴测图的形成过程可知，轴测图可以有很多种，每一种都有一套轴间角及相应的轴向变形系数，国家标准规定了三种轴测图，即正等轴测图（简称正等测）、正二等轴测图（简称正二测）和斜二等轴测图（简称斜二测）。常用正等轴测图和斜二等轴测图。

3.3.2 正等轴测图

1. 正等轴测图的形成

使三直角坐标轴与轴测投影面具有相同的倾角，用正投影法在轴测投影面上所得的图形称为正等轴测图。图 3-16 所示为正等轴测图的形成过程。先将该正方体从图 3-16（a）的位置绕 Z 轴旋转 45°，变成图 3-16（b）所示的位置，再向前倾斜到正方体的对角线垂直于投影面 P，变成图 3-16（c）所示的位置，此时向投影面投射得到正等轴测图，如图 3-16（d）所示。

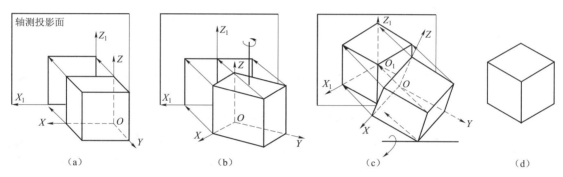

图 3-16 正等测图的形成

2. 正等轴测图的轴测轴、轴间角和轴向变形系数

正等轴测图的轴间角均为 120°，如图 3-17（a）所示。轴测轴的画法如图 3-17（b）所示，由于物体的三坐标轴与轴测投影面的倾角均相同，因此，正等轴测图的轴向变形系数也相同，$p=q=r=0.82$。为了作图、测量和计算方便，常把正等轴测图的轴向变形系数简化成 1，这样在作图时，凡是与轴测轴平行的线段，均可按实际长度量取，简捷方便，不必进行换算。这样画出的图形，其轴向尺寸均为原来的 1.22 倍（$1:0.82 \approx 1.22$），但形状没有改变，如图 3-17（d）所示。

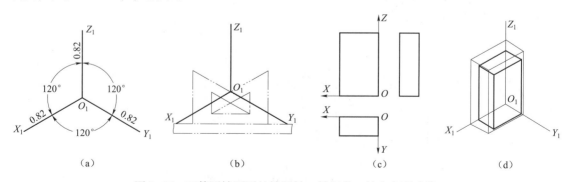

图 3-17 正等测轴测图的轴测轴、轴间角、轴向变形系数

3. 正等轴测图的画法

（1）平面立体正等轴测图的画法。画平面立体的正等轴测图常用坐标法（适用于基本几何体）和切割法（适用于基本几何体被平面截切后的立体）。

① 坐标法：先按坐标画出立体上各点的轴测图，将各点连接起来，得到立体的轴测图。

例 3.6 图 3-18（a）所示为正六棱柱的三视图，根据三视图绘制其正等轴测图。

由于正六棱柱前后、左右对称，故可选顶面的中点为坐标原点，顶面的两条对称线分别为 X、Y 轴，对称轴线为 Z 轴，作图步骤如下：

作轴测轴 O_1X_1、O_1Y_1、O_1Z_1，使三个轴间角均为 $120°$，如图 3-18（b）所示。

根据轴测图的性质，作正六棱柱顶面各顶点的正等轴测图，如图 3-18（c）所示。

自各个顶点沿 O_1Z_1 轴向下量取高度 h，得底面的正等轴测图，如图 3-18（d）所示。

整理、描深，得正六棱柱的正等轴测图，如图 3-18（e）所示。

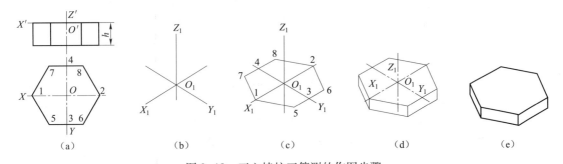

图 3-18 正六棱柱正等测的作图步骤

例 3.7 图 3-19 所示为三棱锥的三视图，根据三视图，绘制其正等轴测图。

为使作图方便，将坐标原点选在三棱锥底面的 B 点，并使 OX 轴与 AB 重合。作图步骤如图 3-19（b）~图 3-19（d）所示。

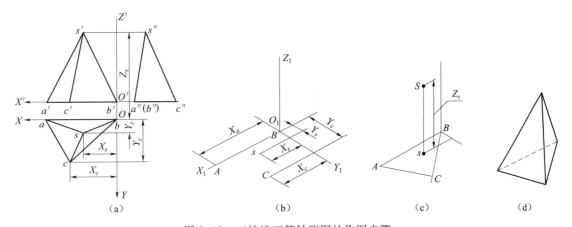

图 3-19 三棱锥正等轴测图的作图步骤

② 切割法：画切割体的轴测图时，可先画出基本体的轴测图，再在图中按切割的顺序逐块切去被切割部分，从而完成切割体的轴测图，这种方法称为切割法。

例 3.8 如图 3-20（a）所示立体的主、俯、左视图，应用切割法画出其正等轴测图。

作图步骤：

设置主、俯视图的直角坐标轴，如图3-20（a）所示。

画轴测轴，如图3-20（b）所示。

在平行轴测轴方向上依题意进行比例切割，如图3-20（c）所示。

擦去多余的线，整理、描深，完成轴测图。

切割法在基本体轴测图的画图过程中非常实用，它方便、灵活、快速。只要坐标位置选择适当，按照比例可随意进行切割，读者不妨多试几例。

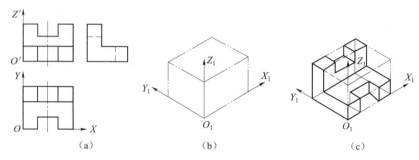

图3-20 切割法画正等轴测图的步骤

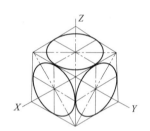

图3-21 不同方向圆的正等轴测图

（2）回转体正等轴测图的画法。绘制回转体的正等轴测图，首先要画出平面圆的正等测图。平行于各坐标面的圆的正等轴测图均为椭圆，如图3-21所示。作图时，通常采用近似画法。它们除了长短轴的方向不同外，其画法相同。

现以平行于 H 面的圆为例，绘制圆的正等轴测图，如图3-22所示。

① 确定平面图形的直角坐标轴，并作圆外切四边形，如图3-22（a）所示。

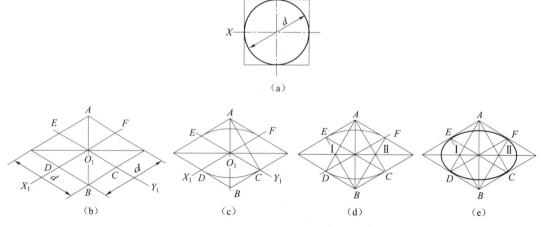

图3-22 平面圆的正等轴测图的作图过程

② 作出轴测轴 O_1X_1、O_1Y_1，并按轴测投影的特性作出平面圆外切四边形的轴测投影，如图 3-22（b）所示。

③ 分别以图 3-22（b）中 A、B 点为圆心，以 AC、BE 为半径在 CD、EF 间画大圆弧，如图 3-22（c）所示。

④ 连接 AC 和 AD 交长轴于 Ⅰ、Ⅱ 两点，如图 3-22（d）所示。分别以 Ⅰ、Ⅱ 两点为圆心，Ⅰ D、Ⅱ C 为半径画两小圆弧，在 C、F、D、E 处与大圆弧相切，即完成平面圆的正等轴测图，如图 3-22（e）所示。

例 3.9 根据图 3-23（a）给出的两个视图，绘制圆台的正等轴测图。

① 由给定的两面投影图，分析该圆台表面的平面圆是平行于 W 面的侧平面，确定平面圆上的直角坐标轴位置，如图 3-23（a）所示。

② 作出两平面圆的轴测轴，并作出两平面圆的正等轴测图，如图 3-23（b）所示。

③ 作出两椭圆的公切线，并擦去不可见以及多余的作图辅助线，描深完成，如图 3-23（c）所示。

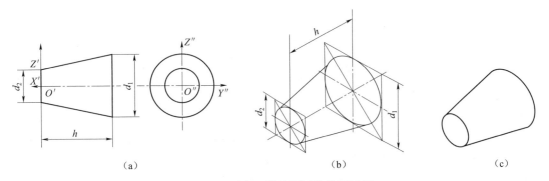

图 3-23 圆台正等轴测图的作图过程

图 3-24 所示为圆柱的正等轴测图的作图过程。

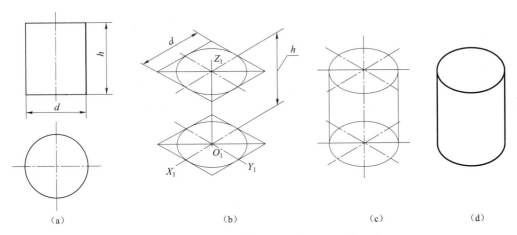

图 3-24 圆柱正等轴测图的作图过程
(a) 圆柱的视图；(b) 画轴测轴，定上下底圆中心，画上下底椭圆；
(c) 作出两边轮廓线（注意切点）；(d) 描深并完成全图

3.3.3 斜二轴测图

1. 斜二轴测图的形成

当物体上的两个坐标轴 OX 和 OZ 与轴测投影面平行，而投射方向与轴测投影面倾斜时，所得的轴测图称为斜二轴测图，如图 3-25 所示。

2. 斜二轴测图的轴测轴、轴间角和轴向变形系数

斜二轴测图的轴间角：$\angle X_1O_1Z_1 = 90°$，$\angle X_1O_1Y_1 = \angle Y_1O_1Z_1 = 135°$，轴向变形系数：$p=r=1$，$q=1/2$，如图 3-26 所示。

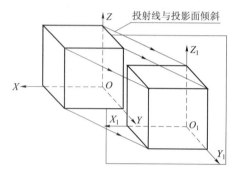

图 3-25 斜二轴测图的形成

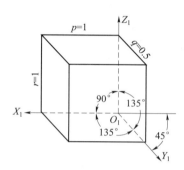

图 3-26 斜二轴测图的轴间角和轴向变形系数

3. 斜二轴测图的画法

由于斜二轴测图在平行于 $X_1O_1Z_1$ 坐标面上反映实形，因此，画斜二轴测图时，应尽量把形状复杂的平面或圆及圆弧放在与 $X_1O_1Z_1$ 平行的位置上。

例 3.10 根据图 3-27（a）所给出的两个视图，绘制圆台的斜二轴测图。

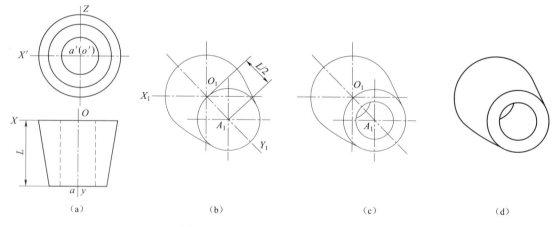

图 3-27 圆台斜二轴测图的作图过程

① 由给定的两面投影图，分析该圆台表面的平面圆是平行于 V 面的正平面，确定平面圆上的直角坐标轴位置，如图 3-27（a）所示。

② 作出前后两平面圆的轴测轴，并作出两平面圆的斜二轴测图，如图 3-27（b）所示。

③ 作内孔的斜二轴测图。作出前后两圆的公切线，如图 3-27（c）所示。

④ 擦去不可见以及多余的作图辅助线，描深完成，如图 3-27（d）所示。

例 3.11 作出如图 3-28 所示正面形状复杂立体的斜二轴测图。

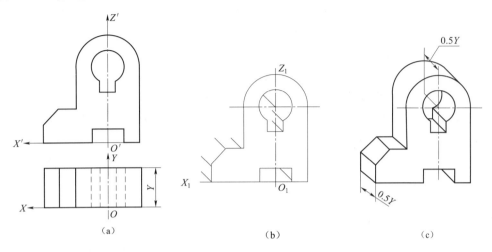

图 3-28　正面形状复杂立体的斜二测画法

① 选择正投影图的坐标位置，如图 3-28（a）所示。
② 画轴测轴，作正面特征平面的斜二轴测图（与正投影完全相同），再从特征面的各点作平行于 O_1Y_1 轴的直线，如图 3-28（b）所示。
③ 将圆心后移 0.5Y 作出后面圆及其他可见轮廓线，描深，完成轴测图，如图 3-28（c）所示。

3.4　基本体的表面交线

机件通常是由一些基本体根据不同的要求切割或组合而成的，如图 3-29 所示，因此，在机件的表面就会产生一些交线。基本体表面的交线分为截交线和相贯线。

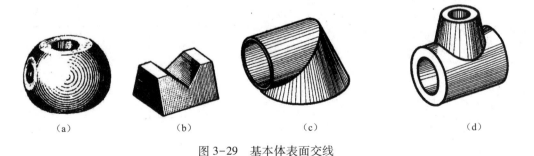

图 3-29　基本体表面交线

3.4.1　截交线

平面与立体相交形成的表面交线，称为截交线。截切立体的平面称为截平面。截交线具有以下性质：
（1）共有性：截交线是截平面与基本体表面的共有线，截交线上的点是截平面与立体表面的共有点。

（2）封闭性：截交线是封闭的平面图形。

根据截交线的性质，求截交线的投影，就是求出截平面与立体表面的全部共有点的投影，然后依次光滑连线，即为截交线的投影。

1. 平面立体的截交线

平面立体的截交线是一个封闭的平面多边形，如图 3-30（a）所示。此多边形的顶点就是截平面与平面立体的棱线的交点，多边形的每一条边是截平面与平面立体各棱面的交线。所以求平面立体截交线的投影，实质上就是求截平面与平面立体棱线交点的投影。

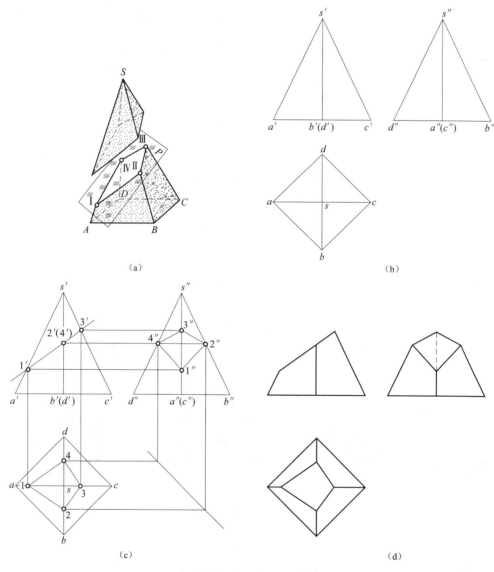

图 3-30 棱锥被平面切割

例 3-12 求作图 3-30（a）所示正四棱锥被正垂面截切后的投影。

在图 3-30（a）中，截平面 P 为正垂面，截交线属于 P 平面，所以它的正面投影有积聚性。因此，只需要作出截交线的水平投影和侧面投影，其投影为边数相等且不反映实形的多边形。

作图步骤：

（1）画出正四棱锥的投影图，如图 3-30（b）所示。

（2）利用截平面的积聚性投影，找出截平面与各棱线交点的正面投影 1′、2′、3′、(4′)，如图 3-30（c）所示。

（3）根据属于直线的点的投影特性，求出各交点的水平投影 1、2、3、4 以及侧面投影 1″、2″、3″、4″，如图 3-30（c）所示。

（4）依次连接各交点的同面投影，即为截交线的投影。判断可见性，整理、描深，如图 3-30（d）所示。

例 3.13　完成图 3-31（a）所示的四棱台被截切后的三面投影。

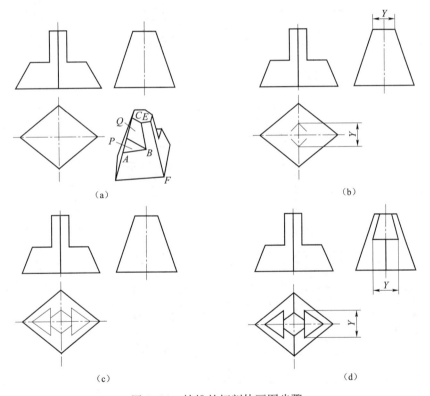

图 3-31　棱锥的切割体画图步骤
(a) 已知条件；(b) 宽相等求顶面的俯视图；(c) 三等求左右台面的俯视图；
(d) 三等求左视图，检查并描深三视图

由图 3-31（a）可知，该立体为四棱台被 P、Q 两个平面截切（左右对称）。P 面平行于底面（P 面和底面均平行于 H 面），所以，P 面截切立体后形成的截交线的水平投影反映实形，并与底面的水平投影平行。Q 面平行于侧立投影面，故 Q 平面截切立体后形成的截交线的侧面投影反映实形。

作图步骤：如图 3-31（b）～图 3-31（d）所示。

常见的切口几何体及其三视图见表 3-1。

表 3-1　棱柱的截交线

直观图	三视图	直观图	三视图

续表

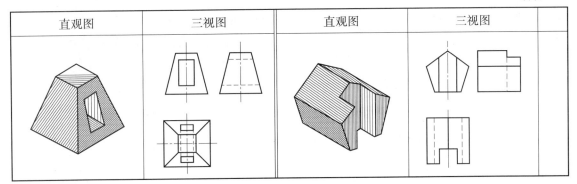

2. 回转体的截交线

回转体的截交线形状取决于回转面的形状和截平面与回转体轴线的相对位置，一般为一条封闭的平面曲线，也可能是由曲线和直线组成的平面图形，特殊情况下为多边形。

预习回转体截交线

作图时，先分析截平面与回转体轴线的相对位置，以及它们在投影面体系中的位置，从而明确截交线的形状及其每个投影的特点，然后采用适当的方法作图。当截交线的投影为直线时，则找出两个端点连成线段；当截交线的投影为圆或圆弧时，则找出圆心和半径画出；当截交线投影为非圆曲线时，则求出一系列共有点，通常先作出特殊位置点，如最高、最低、最前、最后、最左、最右的点，然后按需要再作出一些一般点，最后用光滑曲线把各点的同面投影依次连接起来。

（1）圆柱的截交线。截平面与圆柱轴线位置不同，其截交线有三种形状，分别是矩形、圆、椭圆，见表3-2。

表3-2 圆柱截交线的三种情况

截平面的位置	与轴线平行	与轴线垂直	与轴线倾斜
轴测图			
投影图			
截交线的形状	矩形	圆	椭圆

根据截交线是截平面和圆柱表面共有线这一性质，作截交线的投影时，可以利用圆柱面上取点和取线的方法作图。当圆柱的截交线为矩形和圆时，其投影可以利用平面投影的积聚性求得，作图十分简便，读者自行分析。下面介绍圆柱截交线为椭圆时，其投影作图方法。

例 3.14 如图 3-32 所示，求圆柱被正垂面截切后的三面投影。

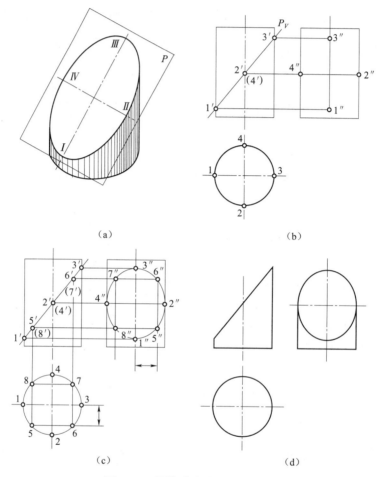

图 3-32 圆柱截交线的作图步骤

由图 3-32（a）可知截平面与圆柱轴线倾斜，截交线为一椭圆，该椭圆的正面投影积聚为与 X 轴倾斜的直线，水平投影积聚为圆，所以仅需要求出其侧面投影。

作图步骤：

① 求作截交线上特殊点的投影。首先画出圆柱的原始投影，如图 3-32（b）所示。截交线的特殊点是立体上的最高、最低点，最前、最后点，也是椭圆长、短轴上的四个端点。这四点的正面投影为 1′、2′、3′、(4)′，水平投影为 1、2、3、4，根据投影对应关系求得其侧面投影 1″、2″、3″、4″。

② 求作截交线上一般点的投影。为了较准确地作出椭圆，还必须适当作出一些一般点的投影。在水平投影的圆上取对称点 5、6、7、8，按投影对应关系求出其正面和侧面投影，如图 3-32（c）所示。一般点应该选择多少个，要根据作图需要来确定。

③ 连线。依次光滑地连接各点，即得所求截交线的投影。擦去多余的图线并描深，完

成截断体的投影，如图 3-32（d）所示。

例 3.15 画出如图 3-33 所示的被截切圆柱的三面投影。

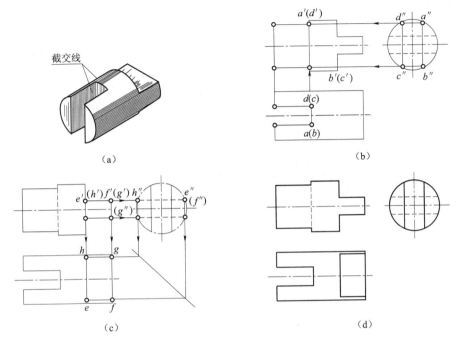

图 3-33 多个平面截切圆柱的三面投影的画法

该圆柱的左端切口是用前后两个平行于轴线对称的正平面及一个垂直于轴线的侧平面截切而成。右端切口是由上下两个对称的平行于轴线的水平面和两个垂直于轴线的侧平面截切而成。由于截切面均为投影面平行面，其截交线分别垂直于相应的投影面，因此，圆柱左右切口的投影均可用积聚性法求出。

作图步骤：
① 画出圆柱完整的三视图，求圆柱的左端正面投影，如图 3-33（b）所示。
② 按平面的投影特征，画出右端切口水平投影，如图 3-33（c）所示。
③ 擦去截掉的多余线，整理、描深完成全图，如图 3-33（d）所示。

常见带切口、开槽、穿孔、空心圆柱的三面投影，如图 3-34 所示。

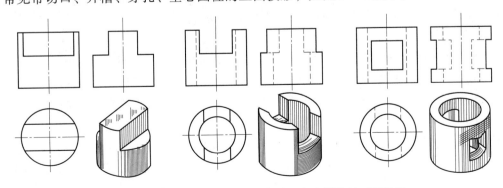

图 3-34 常见带切口、开槽、穿孔、空心圆柱的三面投影

（2）圆锥的截交线。截平面与圆锥轴线位置不同，其截交线有五种不同的形状，即圆、过锥顶的三角形、椭圆、抛物线和双曲线，见表3-3。求截交线时，首先利用截平面的积聚性，求得截交线的一面投影，再根据圆锥面上取点的方法求出截交线的其他投影。

表3-3 圆锥表面截交线

截平面的位置	与轴线垂直	过圆锥顶点	平行于任一素线	与轴线倾斜（不平行于任一素线）	与轴线平行
轴测图	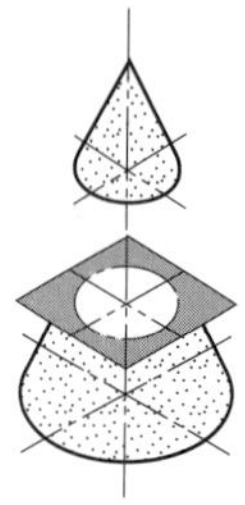	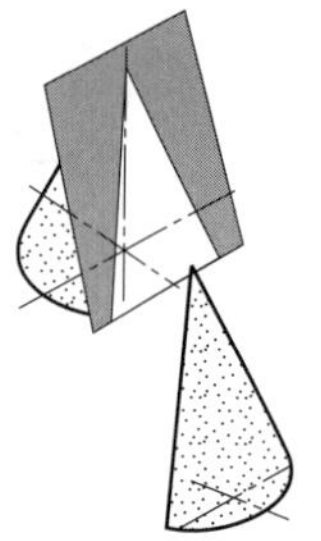	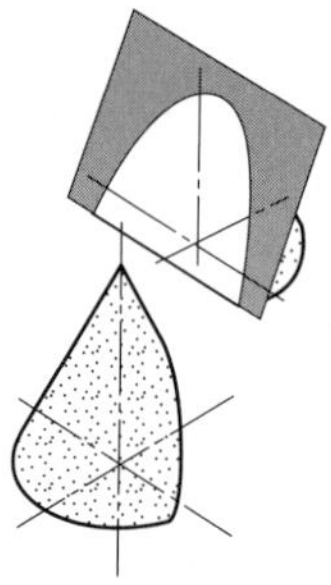	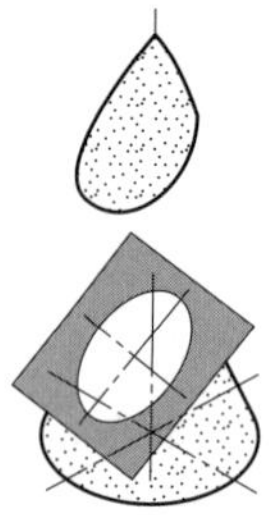	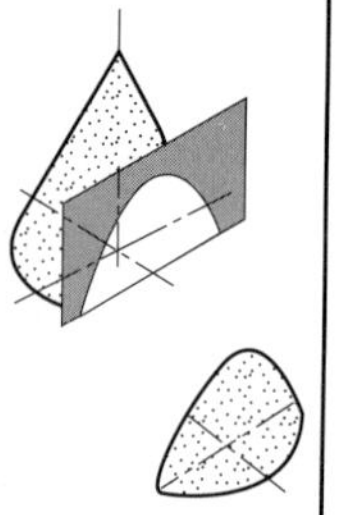
投影图	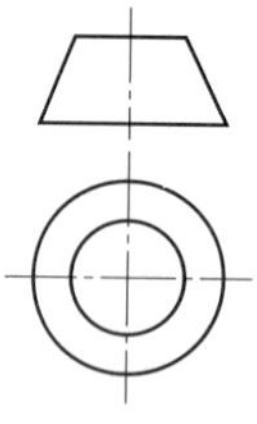	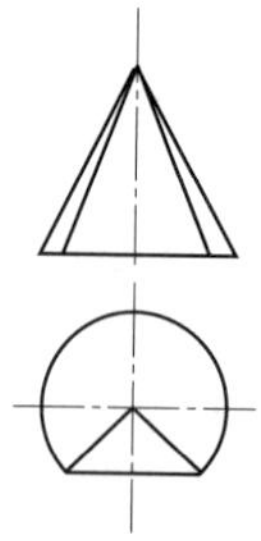	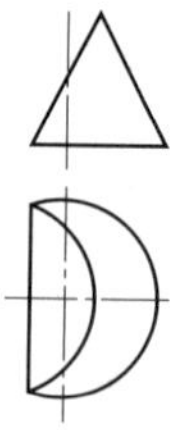	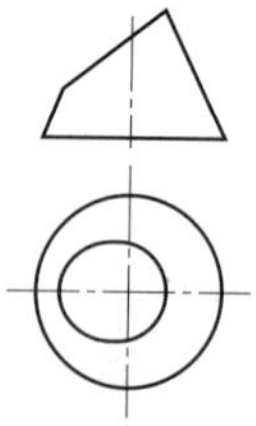	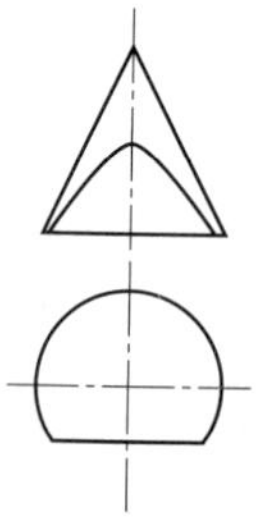
截交线的形状	圆	过顶点的三角形	抛物线	椭圆	双曲线

当圆锥的截交线为直线和圆时，求截交线的作图方法十分简单。当截交线为椭圆、抛物线、双曲线时，由于圆锥面的三个投影都没有积聚性，故求出属于截交线的多个点的投影时则需要用辅助素线法或者辅助平面法，如图3-35所示。

① 辅助素线法。属于截交线的任意点 M，如图3-35（b）所示，可以看成是圆锥表面某一素线 SA 与截平面 P 的交点，故点 M 的三面投影分别在该素线的同面投影上。

② 辅助平面法。作垂直于圆锥轴线的辅助平面 R，如图3-35（c）所示，辅助平面 R 与圆锥面的交线是圆，此圆与截平面交得的两点 C、D 就是截交线上的点，这两个点具有三面共点的特征，所以辅助平面法也叫三面共点法。

例 3.16 求图3-36（a）所示圆锥的截交线的投影。

由图3-36（a）可知，圆锥被与轴线倾斜的平面 P 截切，截交线为椭圆。由于截平面为正垂面，截交线在截平面上，其正面投影积聚成直线，水平投影和侧面投影为椭圆。

作图步骤：

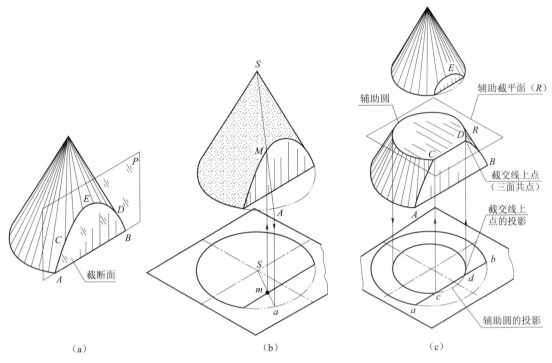

图 3-35 求圆锥表面截交线方法

① 求截交线上特殊点的投影。先画出圆锥的原始投影,确定截平面正投影的位置后,找出截交线的最左点 E、最右点 A、最前素线上点 B 和最后素线上点 H 的正面投影 e′、a′、b′、(h)′,利用圆锥表面点的求法,求出它们的水平投影 e、a、b、h,以及侧面投影 e″、a″、b″、h″,如图 3-36(b)所示。

② 求截交线上一般点的投影。在正面投影中作水平线与截平面的正面投影交于 d′、f′,用辅助圆法求出水平投影 d、f 和侧面投影 d″、f″。同理求出 c′、g′、c、g 和 c″、g″。为使曲线连接光滑,可利用同样的方法,再继续求出一些一般点的投影。

③ 连线。将水平面投影 a、b、c、d、e、f、g、h、a,侧面投影 a″、b″、c″、d″、e″、f″、g″、h″、a″依次光滑连接成曲线,即为所求截交线的水平投影和侧面投影,描深、整理后如图 3-36(d)所示。

(3) 圆球的截交线。平面截切圆球时,在任何情况下其截交线都是一个圆。在三投影面体系中,当截平面平行于一个投影面时,其截交线圆在该投影面的投影反映实形,其余的两面投影都有积聚性。图 3-37 所示为用水平面和侧平面截切圆球时的投影。画图时,先画出截交线积聚成直线的投影,然后画出反映圆的投影。当截平面垂直于一个投影面而倾斜于其他两个投影面时,则截交线的该面投影积聚成直线,其他两面投影为椭圆,这里不再讲述。

例 3.17 画出如图 3-38(a)所示开槽半球的三视图。

由图 3-38(a)可知,半球被两个对称的侧平面和一个水平面截切,所以两个侧平面与球面的截交线各为一段平行于侧平面的圆弧,而水平面与圆球的截交线为两段水平的圆弧。

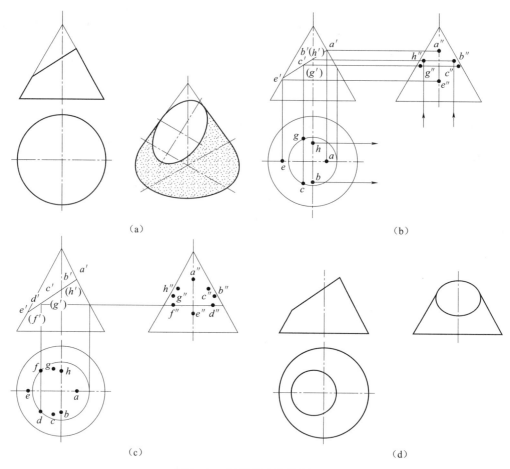

图 3-36 圆锥截交线作图过程

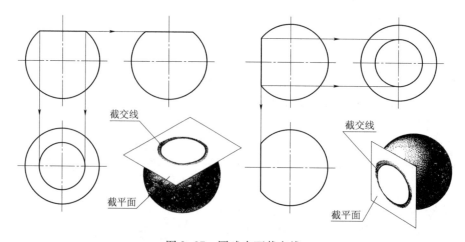

图 3-37 圆球表面截交线

作图步骤：

① 画出半球的三视图，如图 3-38（a）所示。

② 按各截平面的投影特征，求出截平面的侧面投影和水平投影，如图 3-38（b）及图 3-38（c）所示。

③ 擦去多余的图线，整理、描深完成，如图 3-38（d）所示。

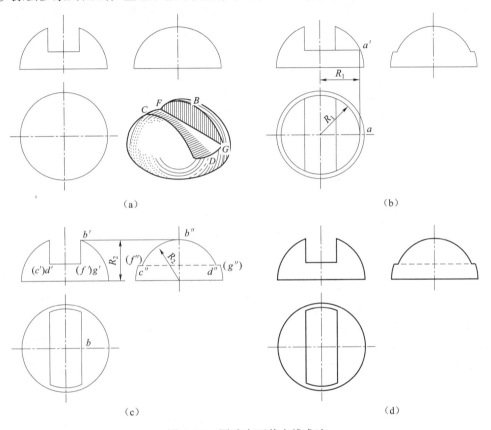

图 3-38 圆球表面截交线求法

3.4.2 相贯线

1. 相贯线的形成

很多零件都是由两个或两个以上的基本体相交而成，称为相贯。在它们表面相交处会产生交线，称为相贯线。相贯有三种情况：平面立体与平面立体相贯，如图 3-39（a）所示；平面立体与曲面立体相贯，如图 3-39（b）所示；曲面立体与曲面立体相贯，如图 3-39（c）和图 3-39（d）所示。平面立体与平面立体或曲面立体相贯，表面交线是由平面图形的截交线围成，可以用求截交线的方法求出，这里不再讲述。本节只介绍曲面立体与曲面立体相贯求相贯线的方法。

相贯线

2. 相贯线的性质

（1）封闭性：相贯线一般为闭合的空间曲线，特殊情况下是封闭的平面曲线或直线。

（2）共有性：相贯线是相交两基本体表面的共有线，也是两立体表面的分界线。

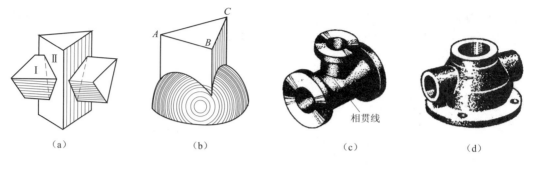

图 3-39 两立体相贯

3. 求相贯线的方法和步骤

由于两相交物体的形状、大小和相对位置的不同，相贯线的形状也不同，求其投影的作图方法也不相同。在一般情况下，当相贯线为封闭的空间曲线时，求相贯线常用的方法是利用积聚性法和辅助平面法；在特殊情况下，当相贯线为封闭的平面曲线时，相贯线可由投影作图直接得出。

（1）利用积聚性求相贯线的投影。相贯线是相交两基本体表面的共有线，它既属于一个基本体的表面，又属于另一个基本体的表面。如果基本体的投影有积聚性，则相贯线的投影一定积聚于该基本体有积聚性的投影上。

例 3.18 如图 3-40 所示，已知相交两圆柱直径不等，且轴线垂直相交，求作其相贯线的投影。

如图 3-41 所示，两圆柱的轴线垂直相交，相贯线的水平投影与小圆柱的水平投影重合，侧面投影与大圆柱的侧面投影重合。两圆柱面的正面投影都没有积聚性，故只需求出相贯线的正面投影。

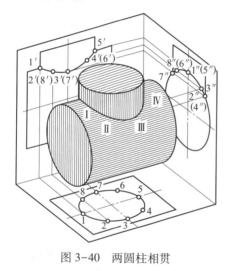

图 3-40 两圆柱相贯

作图步骤：

① 求特殊点的正面投影 1′、3′、5′、7′，由于点Ⅰ、Ⅲ、Ⅴ、Ⅶ均在特殊素线上，可直接求出它们的水平投影 1、3、5、7 和侧面投影 1″、3″、5″、7″，如图 3-41（b）所示。

② 求一般点的投影。在小圆柱面的水平投影中取 2、4、6、8 四点，作出其侧面投影 2″、（4″）、（6″）、8″，再求出正面投影 2′、4′、（6′）、（8′），如图 3-41（c）所示。

③ 将所求各点按分析出的对称性、可见性依次光滑连线，描深，即得相贯线的正面投影，如图 3-41（d）所示。

由于轴线正交的两圆柱直径相同或不同，故在两圆柱轴线共同平行的投影面上，其相贯线的投影形状和弯曲趋向有所不同，见表 3-4。

第3章 基本几何体及其表面交线

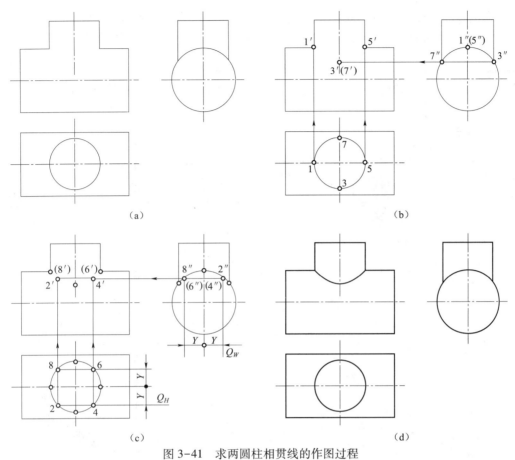

图 3-41 求两圆柱相贯线的作图过程

表 3-4 轴线相交两圆柱表面交线的投影特点

两圆柱直径的关系	水平圆柱较大	两圆柱直径相等	水平圆柱较小
相贯线的特点	上、下两条空间曲线	两个互相垂直的椭圆	左、右两条空间曲线
投影图			

直径相等的两圆柱相贯，相贯线是平面椭圆，当椭圆是投影面的垂直面时，投影如图 3-42 所示。两曲面立体同轴时，相贯线为垂直于轴线的平面圆，如图 3-43 所示。

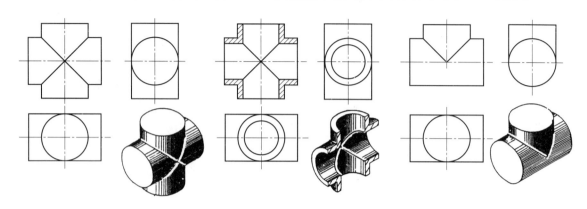

图 3-42　直径相等圆柱的相贯线

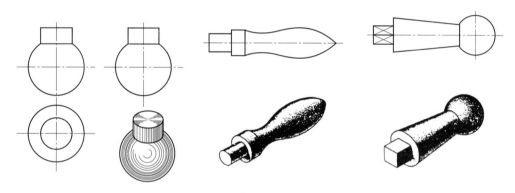

图 3-43　两曲面立体同轴相贯

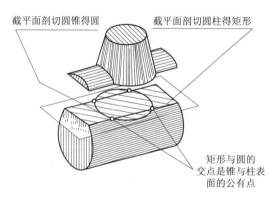

图 3-44　辅助平面法作图原理

（2）利用辅助平面法求相贯线的投影。用一个辅助平面同时切割两相交的立体，则可得到两组截交线，两组截交线的交点即为相贯线上的点，如图 3-44 中矩形与圆的四个交点。这种求相贯线投影的方法，称为辅助平面法。

例 3.19　已知圆柱与圆锥相交，用辅助平面法求相贯线的投影，如图 3-45 所示。

由图 3-45（a）可知，圆锥轴线为铅垂线，圆柱轴线为侧垂线，两轴线正交且同时平行于正立投影面，相贯线前后对称，其正面投影重合。圆柱的侧面投影为圆，相贯线的侧面投影积聚在该圆上，所以只需求出相贯线的水平投影和正面投影。

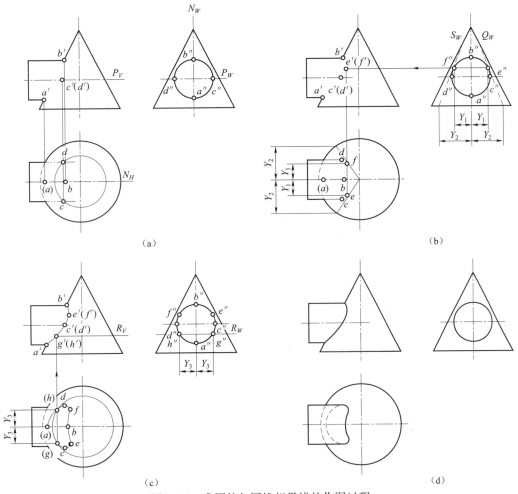

图 3-45 求圆柱与圆锥相贯线的作图过程

作图步骤：

① 求相贯线上特殊点 A、B、C、D 的投影。如图 3-45（a）所示，由侧面投影可知，b''、a'' 是相贯线上最上、最下点的投影，它们是圆柱和圆锥正面投影外形轮廓线的交点，可直接得到正面投影 b'、a'，并由此投影确定水平投影 b、(a)。c''、d'' 是最前、最后点 C、D 的侧面投影，它们在圆锥最前、最后素线上。过圆柱轴线作水平面 P 为辅助平面，求出平面 P 与圆锥面截交线（水平面圆）的水平投影，此圆与圆柱最前、最后素线的水平投影交于 c、d，再求出正面投影 c'、d'。如图 3-45（b）所示，过圆锥顶点作辅助平面 Q、S，首先画出 Q_W、S_W，分别与圆柱侧面投影相切，切点 e''、f'' 即为相贯线上最右点的侧面投影。过 E、F 再作一水平面与圆柱、圆锥相交，求得 e、f 和 e'、f'。

② 求一般点 G、H 的投影。如图 3-45（c）所示，作辅助水平面 R，先画出 R_W、R_V，求得 g''、h''，按辅助平面法求出 (g)、(h) 和 g'、(h')。

③ 根据相贯线的可见性、对称性，将所求出的点依次光滑连接，整理、描深，如图 3-45（d）所示。

（3）相贯线的简化画法。用上述方法求作相贯线的投影虽然麻烦，但却是求相贯线投影的较精确作图方法。当两圆柱直径相差悬殊时，可以利用如图 3-46 所示的简化画法画出两圆柱直径不等、轴线正交时相贯线的投影。

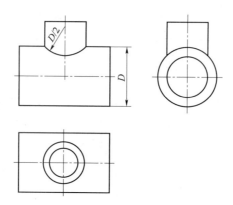

图 3-46　相贯线的简化画法

第 4 章　组合体

由两个或两个以上的基本体按照一定的组合形式组合而成的形体，称为组合体。本章主要介绍组合体三视图的画法、读组合体三视图的方法以及组合体的尺寸注法，为学习零件图打下基础。

4.1　组合体的形体分析

组合体的形体分析

4.1.1　组合体的形体分析方法

为了正确而迅速地绘制和读懂组合体的三视图，通常在组合体画图、读图和尺寸标注的过程中，假想把组合体分解成若干个基本体，分析清楚各基本体的结构形状、相对位置、组合形式以及其表面连接关系。这种把复杂形体分解成若干个简单形体的分析方法，称为形体分析法。如图 4-1 所示的机座，运用形体分析法可以把机座分解成底板、圆柱筒、两个肋板和凸台五个组成部分，这些组成部分通过叠加和切割等方式组成了机座。

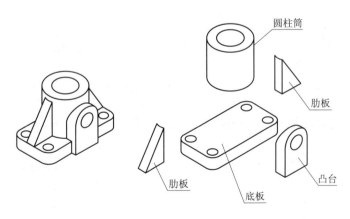

图 4-1　机座的形体分析

4.1.2　组合体的组合形式

组合体的组合形式基本上分为叠加和切割两种形式，如图 4-2 所示。

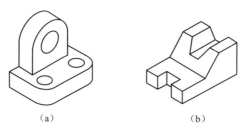

图 4-2 组合体的组合形式
(a) 叠加型；(b) 切割型

1. 叠加

叠加成的组合体，根据相邻两基本体的表面连接关系又分为简单叠加、相切叠加和相交叠加几种。

（1）简单叠加。简单叠加是两形体以平面相接触。当两形体表面连接处不平齐时，在视图中应各自画线。如图 4-3 所示的组合体是由长方形底板和梯形的立板叠加而成的，两板前表面不平齐或后表面不平齐或前后表面都不平齐，所以在主视图中，两形体中间应画线。

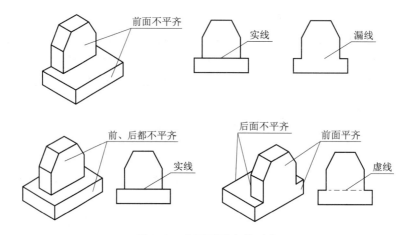

图 4-3 表面不平齐的画法

当两形体表面连接处平齐时，中间不画线，如图 4-4 所示。

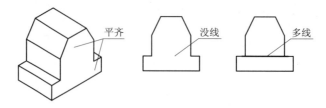

图 4-4 表面平齐的画法

（2）相切叠加。当两形体表面连接处相切时，在视图中相切处不画线，相邻平面（如耳板的上表面）的投影应画至切点处，如图 4-5 所示。

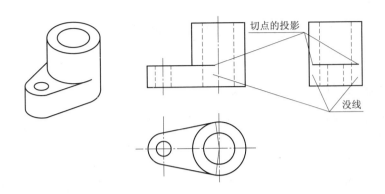

图 4-5 表面相切的画法

（3）相交叠加。当两形体在表面连接处相交时，其表面交线必须画出。图 4-6 所示为两形体相交情况下的图形画法。

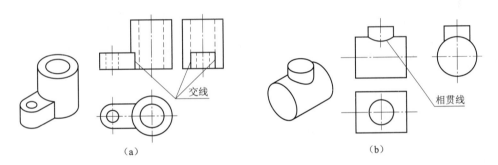

图 4-6 表面相交的画法
（a）表面交线为直线；（b）表面交线为曲线（相贯线）

2．切割

如图 4-7（a）所示的物体，可以看成是由长方体切割而成的，如图 4-7（b）所示。画图的关键是求出截切面与物体表面的截交线以及截切面之间的交线，如图 4-7（c）和图 4-7（d）所示。

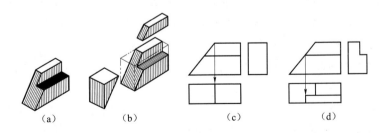

图 4-7 切割型组合体的画法

总之，画组合体的视图时，首先通过形体分析，弄清各相邻基本体之间的组合形式及其表面关系，选择适当的表达方案，按正确的作图方法画图。

4.2 组合体三视图的画法

4.2.1 叠加型组合体三视图的画法

画组合体三视图

下面以轴承座为例介绍叠加型组合体三视图的画法和步骤。

1. 形体分析

画图前,首先对组合体进行形体分析,分析该组合体是由哪些基本体构成及各基本体的结构形状、相对位置、表面连接关系如何,为选择主视图的投射方向和画图创造条件。图 4-8 所示为轴承座的形体分析。

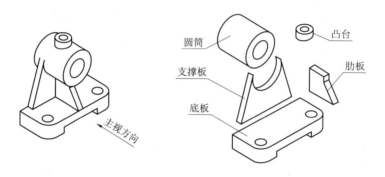

图 4-8 轴承座形体分析

2. 选择主视图

在画组合体的三视图时,将组合体摆正放平后,一般要选择反映组合体各组成部分结构形状和相对位置较为明显的方向,作为主视图的投射方向,并应使形体上的主要面与投影面平行,同时还要考虑其他视图的表达要清晰。如图 4-8 所示,沿箭头方向投射所得的视图,满足了上述的要求,可作为主视图。

3. 画组合体三视图的方法和步骤

(1) 选比例、定图幅。主视图投射方向确定后,应该根据实物大小和复杂程度,按标准规定选择画图的比例和图幅。在一般情况下,尽量采用 1∶1 的比例。确定图幅大小时,除了要考虑图形尺寸大小外,还应留足标注尺寸和画标题栏等的空间。

(2) 布置视图,画出作图基准线。布置视图时,应根据各个视图每个方向的最大尺寸,在视图之间留足标注尺寸的空隙,使视图布局合理、排列均匀,并画出各视图的作图基准线。

(3) 开始画图。绘制底稿时,要一个形体一个形体地画三视图,且要先画它的特征视图。每个形体要先画主要部分,后画次要部分;先画可见部分,后画不可见部分;先画圆、圆弧,后画直线。检查描深时,要注意组合体的组合形式和连接方式,边画图边修改,以提高画图的速度,还能避免漏线或多线。

按上述的画图方法,绘制如图 4-8 所示轴承座的三视图。其主视图的投射方向如图 4-8 所示,作图步骤如图 4-9 所示。

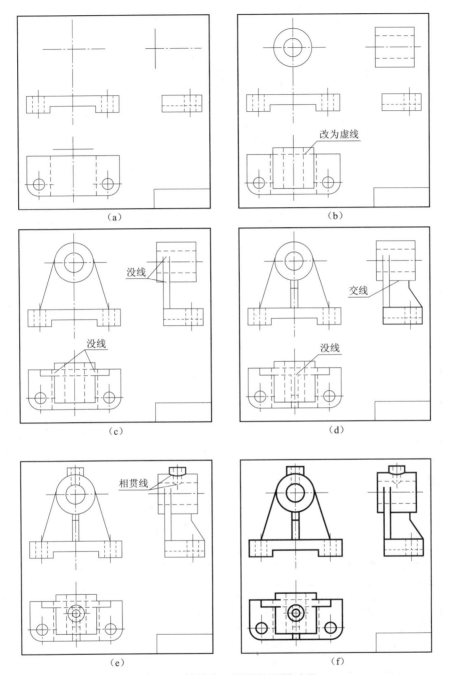

图 4-9 轴承座三视图的画图过程
（a）布置视图，画底板；（b）画圆筒；（c）画支撑板；（d）画肋板；（e）画凸台；（f）检查、描深

4.2.2 切割型组合体三视图的画法

图 4-10 所示为切割形成的组合体，画这种组合体的三视图，首先要进行形体分析，分析完整基本体的形状以及截切面的位置，然后按照求截交线的方法和步骤，一个截面一个截面地画。作图步骤如图 4-11 所示。

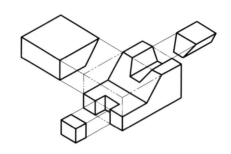

图 4-10 切割型组合体

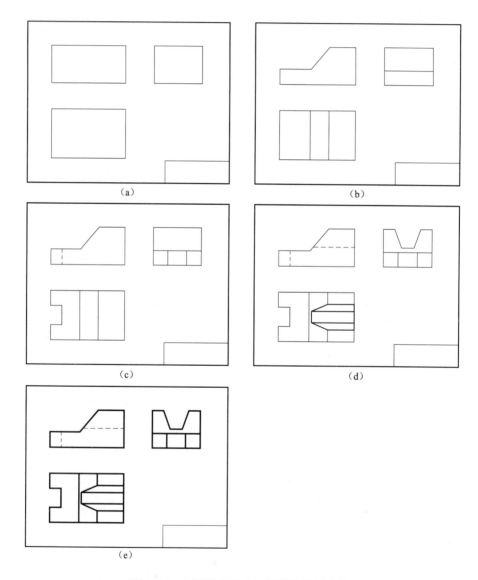

图 4-11 切割型组合体三视图的作图步骤
（a）画完整几何体；（b）切掉角；（c）切方槽；（d）切梯形槽；（e）检查、描深

4.3 组合体的读图方法

画图和读图是学习机械制图的两个主要任务。画图是根据物体绘制出视图的过程,读图是根据已有的视图想象物体形状的过程,画图和读图是互逆的过程。组合体的读图,就是在看懂组合体视图的基础上,想象出组合体各组成部分的结构形状及相对位置的过程。

4.3.1 读图的基本要领

1. 必须将几个视图联合起来读

一个视图不能确定物体的形状,有时两个视图也不能完全确定物体的形状,如图4-12所示。

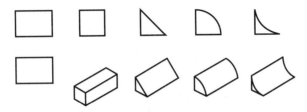

图4-12 几个视图联合起来读图示例

2. 要弄清视图中图线和线框的含义

物体的视图是由一个个封闭线框构成的,而线框又是由图线围成的。因此,看图时弄清楚视图中图线和线框的含义是十分必要的。

(1) 图线的含义。

视图中的图线可以表示:

① 回转体上轮廓素线的投影;

② 面与面的交线;

③ 表面具有积聚性的投影。如图4-13所示。

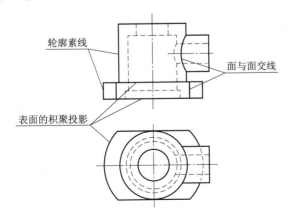

图4-13 视图中的图线的含义

(2) 线框的含义。

视图中的线框有以下三种情况：

① 一个封闭线框，表示物体的一个面。这个面可能是平面、曲面、平面和曲面的组合面或空洞，如图 4-14（a）所示。

② 两个相邻的封闭线框，表示物体上位置不同的两个面。两个面的相对位置要通过其他视图中的对应投影加以判断，如图 4-14（b）所示。

③ 大封闭线框内套小封闭线框，要么凸出，要么凹进，如图 4-14（c）所示。

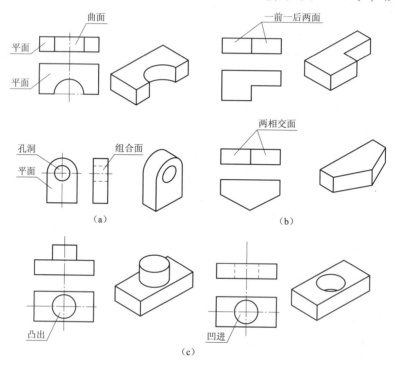

图 4-14 视图中线框的含义

（a）一个封闭线框；（b）两个相邻的封闭线框；（c）大封闭线框内套小封闭线框

4.3.2 读图的方法和步骤

1. 形体分析法

形体分析法是读图的基本方法。读图时，将几个视图对照，用形体分析的方法，通过对图形进行分解，弄清组合体的组合形式及彼此间的连接形式，然后进行综合，想象出物体的形状。

形体分析法读组合体三视图

读图步骤如下：

（1）抓特征，分线框。所谓特征，是指物体的形状特征和组成物体的各基本体间的位置特征。

① 形状特征视图。如图 4-15 所示的四个物体的主视图完全相同，但从俯视图上可以看出四个物体截然不同，这些俯视图就是表达这些物体形状特征明显的视图。

② 位置特征视图。如图 4-16（a）所示的物体，主视图反映其形状特征比较明显，但

82

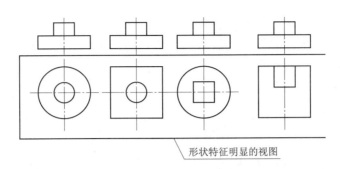

图 4-15 形状特征明显的视图

如果只看主视图，物体上的Ⅰ和Ⅱ两部分哪个凸出、哪个凹进不能确定，俯视图也不能确定，可能是图 4-16（b）或图 4-16（c）所示的物体。而当与左视图配合起来看，就很容易想清楚各形体之间的相对位置关系了，显然，左视图是反映该物体各组成部分间相对位置特征明显的视图。

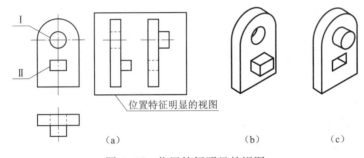

图 4-16 位置特征明显的视图

看图时，如能通过分析，抓住最能反映物体形状特征和各组成部分间相对位置特征的视图，并从它入手，就能较快地将其分解成若干个组成部分。

需要注意的是，物体上每一组成部分的特征，并非全部集中在一个视图上。如图 4-17 所示，通过形体分析，该形体由水平板Ⅰ、竖直板Ⅱ和凹形块Ⅲ三部分构成，反映水平板Ⅰ形状特征的视图是俯视图、反映竖直板Ⅱ形状特征的视图是左视图和反映凹形块Ⅲ形状特征的视图是主视图，而主视图反映三个部分间的上、下位置关系，左视图反映三个部分间的前、后位置关系。因此，在抓特征分部分时，不要只盯在一个视图上，而是无论哪个视图，只要其形状、位置特征明显，就应从哪个视图入手，把物体的组成部分一个一个"分离"出来。

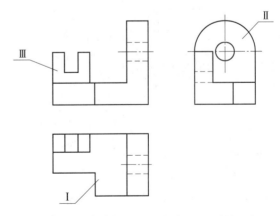

图 4-17 物体各组成部分特征明显的视图

（2）对投影想形状。

将每一部分"分离"出来后，从反映每一部分形状特征的视图出发，依据"三等"规律把其他视图上的对应投影找出来，想出其形状。

（3）综合起来想整体。想出各部分的形状之后，再根据它们之间的相对位置和组合形式，综合起来想出物体的整体形状。

例 4.1 读图 4-18（a）所示三视图，想出物体形状。

图 4-18 用形体分析法读组合体三视图

读图步骤：

① 抓特征，分线框。

通过分析可知，该视图可分成四部分线框组，可以判定该物体由四部分组成，其中俯视图较明显地反映了Ⅰ、Ⅱ两个线框的形状特征，主视图较明显地反映了Ⅲ、Ⅳ两个线框的形状特征，如图 4-18（a）所示。

② 对准投影想形状。

根据投影规律，从形状特征明显的视图出发，依次找出Ⅰ、Ⅱ、Ⅲ、Ⅳ四个线框在其他两个视图的对应投影，并想出它们的形状，如图 4-18（b）~图 4-18（e）所示。

③ 综合起来想整体。

水平板Ⅰ在下，圆柱筒Ⅱ在水平板的正上方，凸台Ⅲ在圆柱筒的正前面，圆柱筒的左、右两边各有一个肋板Ⅳ，如图 4-18（f）所示。

2. 线面分析法

所谓线面分析法，就是运用投影规律把物体的表面分解为线、面等几何要素，通过分析这些要素的空间形状和位置，来想象物体各表面形状和相对位置，想象物体形状，达到读懂视图的目的。

许多切割型组合体，读图时需要采用线面分析法。

利用线面分析法读图，要熟练运用各种位置平面的投影特性来分析问题，凡是"一框对两线"，则表示为投影面的平行面；凡是"一线对两框"，则表示为投影面的垂直面；凡是"三线框相对应"，则表示为一般位置平面。熟记这些特性，可以很快想出面的空间形状和位置。

下面以图 4-19 所示的三视图为例，来说明线面分析法读图的具体步骤。

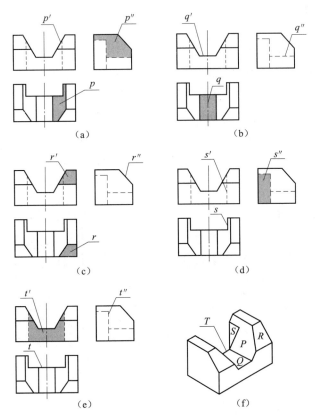

图 4-19 用线面分析法看组合体的视图

由图 4-19（a）所示三视图可知，该组合体属于切割式组合体，截切前的基本立体是四棱柱。

从主视图可以看出，它被三个平面从前往后切掉一个梯形槽，从俯视图可以看出，它被三个平面自上而下切掉一个方形槽，从左视图可以看出，它被一个平面从后向前切掉一个角。每个截面的形状就要用线面分析的方法，一条线一条线、一个面一个面地进行分析。

比如 P 面，要从主视图 P 面的积聚投影 p' 出发，按长对正、高平齐的对应关系，对应出边数相等的两个类似形 p 和 p″，根据"一线对两框"可知，P 面为正垂直，如图 4-19 (a) 所示。

从主视图中的积聚投影 q' 出发，按长对正、高平齐的对应关系，对应出一线框 q 和一直线 q″，根据"一框对两线"可知，Q 面为水平面，如图 4-19 (b) 所示。

从左视图中的积聚投影 r″ 出发，按高平齐、宽相等的对应关系，对应出边数相等的两个类似形 r 和 r'，根据"一线对两框"可知，R 面为侧垂面，如图 4-19 (c) 所示。

从俯视图中的积聚投影 s 出发，按长对正、宽相等的对应关系，对应出一直线 s' 和一线框 s″，根据"一框对两线"可知，S 面为侧平面，如图 4-19 (d) 所示。

从俯视图中的积聚投影 t 出发，按长对正、宽相等的对应关系，对应出一线框 t' 和一直线 t″，根据"一框对两线"可知，T 面为正平面，如图 4-19 (e) 所示。

通过上面的分析，现在我们可以对该形体各表面的结构形状与空间位置进行组装，综合想象整体形状，如图 4-19 (f) 所示。

4.3.3 读图举例

由已知两视图，补画第三视图和补画视图中所缺的图线是进行读图训练的有效手段，实际上也是读图和画图的综合练习，一般可分为以下两步进行：

第一步，读懂已知的视图，并想象出物体的组成和形状；

第二步，逐步画出各组成部分的第三面投影或所缺的线。

例 4.2 如图 4-20 (a) 所示，根据已知的组合体的主、左视图，补画其俯视图。

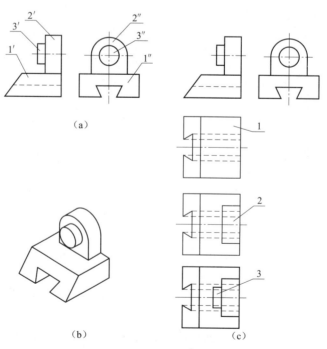

图 4-20 由已知两视图补画第三视图

分析：如图 4-20（a）所示，左视图可以分为 1″、2″、3″三个线框，根据投影关系在主视图上找出它们的对应投影 1′、2′、3′，可初步判断该组合体是由三个部分叠加在一起，然后切去一个梯形槽而形成。如图 4-20（b）所示。

作图：逐步画出各组成部分 1、2、3 的水平投影，具体作图步骤如图 4-20（c）所示。

例 4.3 补画图 4-21（a）所示组合体视图中所缺的图线。

具体作图步骤如图 4-21（b）~图 4-21（d）所示，图 4-21（e）所示为该组合体的轴测图。

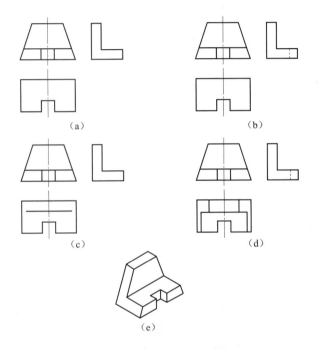

图 4-21 补画视图中所缺的图线
(a) 缺线的视图；(b) 补画底板上的方槽；(c) 补画立板的投影；
(d) 补画立板、水平板左右被切掉的角；(e) 轴测图

4.4 尺 寸 标 注

视图只能表达形体的结构形状，要表达形体的大小，还需要标注尺寸。

4.4.1 基本体的尺寸标注

平面立体应标注长、宽、高三个方向的尺寸。如图 4-22 所示给出了棱柱、棱锥、棱台的尺寸注法。

棱柱、棱锥应注出确定底平面形状大小的尺寸和高度尺寸，棱台应注出上下底平面的形状大小和高度尺寸。注正方形底面的尺寸时，可在正方形边长尺寸数字前加注符号"□"，也可以注成"15×15"的形式。

如图 4-22（c）和（d）所示，对正棱柱和正棱锥的尺寸标注，考虑作图和加工方便，

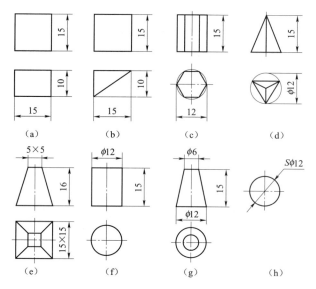

图 4-22 基本体的尺寸注法

一般应注出其底面的外接圆直径和高度尺寸，也可以注成其他形式。

圆柱、圆锥应标注底圆直径和高度尺寸，直径尺寸最好注在非圆视图上。在直径尺寸数字前要加注"ϕ"，圆球体标注直径或半径尺寸时，在"ϕ""R"前加注"S"。

4.4.2 组合体的尺寸标注

1. 组合体尺寸标注的基本要求

（1）正确。尺寸标注包括尺寸数字的书写，尺寸线、尺寸界线以及箭头的画法，应符合国家标准《机械制图尺寸注法》的规定，以保证尺寸标注正确。

（2）完整。所标注的尺寸，应能完全确定物体的形状大小及相对位置，且不允许有遗漏和重复。

（3）清晰。保证所注尺寸布置整齐、清晰醒目，以便于看图。

2. 尺寸种类

（1）定形尺寸。用以确定组合体各组成部分形状大小的尺寸称为定形尺寸。比如圆柱体的直径、高，平面立体的长、宽、高等。

（2）定位尺寸。用以确定组合体各组成部分之间的相对位置的尺寸称为定位尺寸。如图 4-23 所示的尺寸 19 是确定圆筒中心相对于底平面的高度方向的位置尺寸；尺寸 2 是确定圆筒后端面偏离宽度基准的位置尺寸；尺寸 21 和 9 分别是确定底板上两个圆孔在长度方向和宽度方向的位置尺寸。

（3）总体尺寸。用以确定组合体外形的总长、总宽、总高的尺寸称为总体尺寸。

3. 尺寸基准

标注尺寸前应该先确定尺寸基准。所谓尺寸基准，就是标注尺寸的起点。由于组合体都有长、宽、高三个方向的尺寸，因此，在每个方向上都至少要有一个尺寸基准。一般可选组合体的对称面、底面、重要的端面以及回转体的轴线等作为尺寸基准。图 4-23 所示为所选择的各方向的尺寸基准。

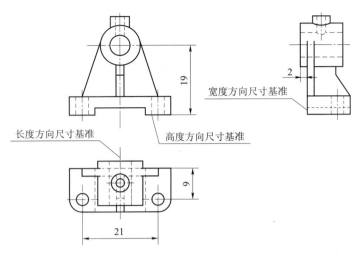

图 4-23　轴承座的尺寸基准及定位尺寸

4. 截断体和相贯体的尺寸标注

基本体被平面截切后的截断体尺寸标注，应先标注基本体的定形尺寸，再标注确定截面位置的定位尺寸，不应标注截交线的大小。因为截平面与基本体的相对位置确定后，截交线的形状和大小就确定了，若再标注其尺寸，就属于多余尺寸，如图 4-24 所示。

两基本体相贯时，应标注两基本体的定形尺寸和表示两基本体相对位置的定位尺寸，而不应标注相贯线的尺寸，如图 4-25 所示。

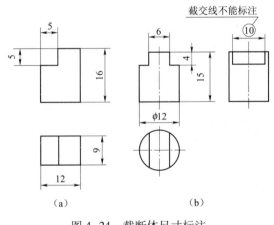

图 4-24　截断体尺寸标注

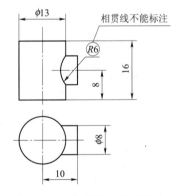

图 4-25　相贯体的尺寸注法

5. 组合体的尺寸标注

下面以如图 4-26 所示的轴承座为例，说明标注组合体尺寸的步骤：

（1）形体分析。通过对轴承座的形体分析将其分解为底板、圆柱筒、支撑板、肋板、凸台五部分，如图 4-26（a）所示。按形体分析法标注每个组成部分的定形尺寸，如图 4-26（b）所示。

（2）选择尺寸基准，如图 4-26（c）所示。

（3）将图 4-26（b）中各部分的定形尺寸注在图 4-26（d）中。

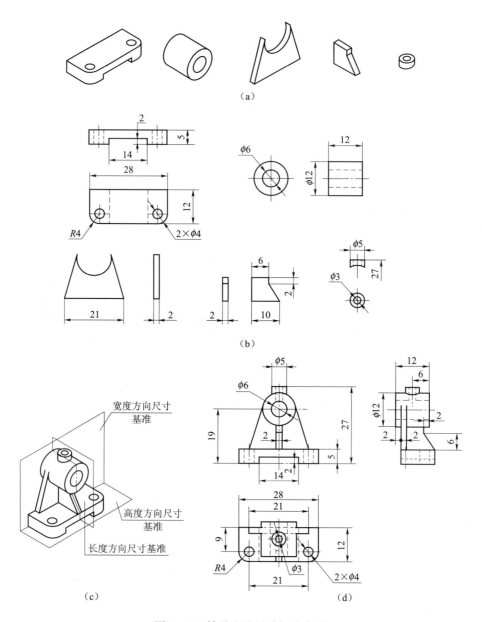

图 4-26 轴承座的尺寸标注步骤

（4）由尺寸基准出发标注确定各组成部分之间相对位置的尺寸。如图 4-26（d）中的尺寸 19、21、9、2、6。

（5）标注总体尺寸。该轴承座的总长度尺寸，即底板的长度尺寸 28；总宽度尺寸，即 12+2；总高度尺寸，即 27。

（6）依次检查三类尺寸，保证正确、完整、清晰。注意尺寸间的协调。

6. 常见结构的尺寸注法

如图 4-27 所示列出了组合体常见结构的尺寸标注方法，供标注尺寸时参考。

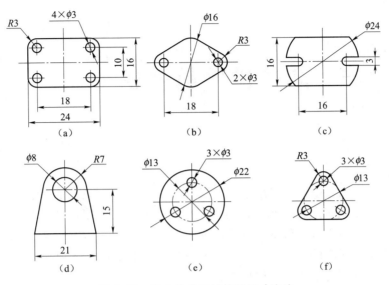

图 4-27 组合体常见结构的尺寸注法

第 5 章 机件的图样画法

在生产实际中，由于机件的作用不同，其结构形状是多种多样的，仅仅用前面介绍的三视图还不能将一个复杂机件的内外形状表达清楚。为此，在国家标准《技术制图》（GB/T 17451~17452—1998、GB/T 17453—2005）和《机械制图》（GB/T 4458.1—2002、GB/T 4458.6—2002）中，对机件的图样画法作了统一规定。本章将介绍视图、剖视图、断面图、局部放大图以及其他规定画法和简化画法。

5.1 视 图

视图（GB/T 17451—1998、GB/T 4458.1—2002）主要用来表达机件的外部结构，通常有基本视图、向视图、局部视图和斜视图。

预习视图

5.1.1 基本视图

基本视图是物体向基本投影面投射所得到的视图。在原有三个投影面的基础上，再增加三个投影面构成一个正六面体，其六个面称为基本投影面。将物体置于正六面体中，分别向各投影面进行投射，得到六个基本视图。基本视图中，除了前面介绍过的三视图即主视图（从前向后投射）、俯视图（从上向下投射）和左视图（从左向右投射）外，还增加了右视图（从右向左投射）、仰视图（从下向上投射）和后视图（从后向前投射）。

六个投影面展开时，规定正立投影面不动，其余投影面按图 5-1 所示方式展开。六个基本视图的配置关系如图 5-2 所示。在同一张图纸内，按图 5-2 配置视图时，可不标注视图的名称。

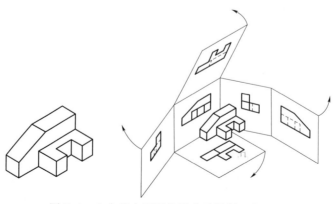

图 5-1 六个基本视图的形成及投影面的展开

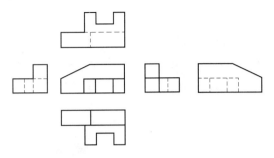

图 5-2　六个基本视图的配置关系

六个基本视图之间，仍符合"长对正、高平齐、宽相等"的投影规律，其中主、俯、仰视图长对正（后视图与之等长），主、左、右、后视图高平齐，俯、左、右、仰视图宽相等。

5.1.2　向视图

向视图是可以自由配置的视图。

向视图的配置形式如图 5-3 所示。在向视图的上方标注"×"（"×"为大写拉丁字母），在相应视图的附近用箭头指明投射方向，并标注相同的字母。标注时表示投射方向的箭头应尽量配置在主视图上，表示后视图方向的箭头应尽量配置在左视图或右视图上。在绘制向视图时，应注意只能平移，不能旋转。

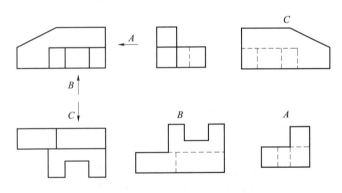

图 5-3　向视图及标注

5.1.3　局部视图

局部视图是将物体的某一部分向基本投影面投射所得的视图。

如图 5-4（a）所示的机件，用主、俯两个视图已清楚地表达了主体形状，但左右两个凸缘的形状尚未表达清楚，此时，再增加左视图、右视图，就显得烦琐和重复，可采用两个局部视图，只画出所需表达的左右凸缘的形状就可以了，如图 5-4（b）所示。

画局部视图时，应注意以下几点：

（1）局部视图的断裂边界用波浪线表示，如图 5-4 所示的 A 局部视图。当表达的局部结构是独立的封闭轮廓时，波浪线可省略不画，如图 5-4 所示的 B 局部视图。

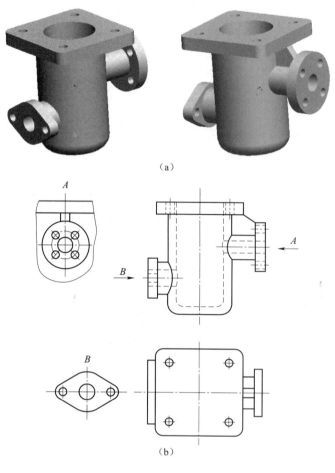

图 5-4 局部视图

（2）局部视图可按基本视图的配置形式配置，如图 5-4 所示的 A 局部视图；也可按向视图的配置形式配置，如图 5-4 所示的 B 局部视图。

（3）局部视图一般需要进行标注，即用带字母的箭头标明所需表达的部位和投射方向，并在对应的局部视图上方标明相应的视图名称，如图 5-4 所示的"A""B"。当局部视图按投影关系配置，且与基本视图之间没有其他图形隔开时，可省略标注，如图 5-4 所示，表示 A 方向的箭头和字母以及局部视图上方的字母 A 均可省略。

5.1.4 斜视图

斜视图是将物体向不平行于基本投影面的平面投射所得的视图，如图 5-5（a）所示。当机件上有不平行于任何基本投影面的倾斜结构时，由于该结构在基本视图上不反映实形，故给绘图和看图带来了困难。这时，可设置一个辅助投影面，使其与机件上倾斜部分的表面平行且垂直于某一基本投影面，然后将机件上的倾斜部分向辅助投影面投射，即可得到反映该部分实形的斜视图。

画斜视图时，应注意以下几点：

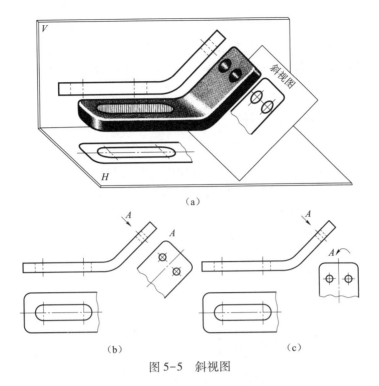

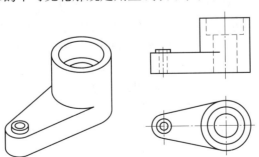

图 5-5 斜视图

(1) 斜视图一般按向视图的配置形式配置并标注,即在斜视图的上方用字母标出视图的名称,在相应的视图附近用带相同字母的箭头指明投射方向,如图 5-5 (b) 所示。

(2) 必要时,允许将斜视图旋转配置。表示该视图名称的大写拉丁字母应靠近旋转符号的箭头,如图 5-5 (c) 所示,也允许将旋转角度标注在字母之后,如图 5-6 所示。

(3) 斜视图只反映机件上倾斜结构的实形,其余部分省略不画。斜视图的断裂边界用波浪线或双折线表示(图 5-5、图 5-6)。

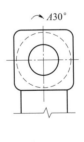

图 5-6 斜视图旋转

5.2 剖视图

在视图中,机件内部的不可见轮廓规定用虚线表示,如图 5-7 所示。

预习剖视图

图 5-7 零件的视图

当机件的内部结构比较复杂时,视图中就会出现较多的细虚线,这些虚线往往与外形轮廓线(粗实线)重叠交错,使图形不清晰,既影响绘图、看图,又不便于标注尺寸。为了清晰地表达机件的内部结构,国家标准 GB/T 17452—1998 和 GB/T 4458.6—2002 规定了剖视图的画法。

5.2.1 剖视图的基本概念及画法

1. 剖视图的概念

假想用剖切面剖开物体,移去观察者和剖切面之间的部分,将其余部分向投影面投射所得的图形,称为剖视图,简称剖视。剖切被表达物体的假想平面或曲面称剖切面,如图 5-8(a)所示。采用剖视图后,零件内部的不可见轮廓变为可见,用粗实线画出,这样图形清晰,便于画图和看图,如图 5-8(b)所示。

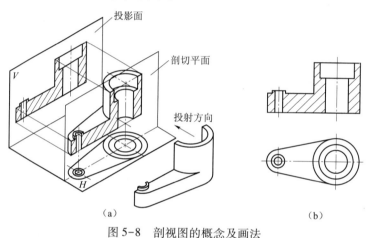

图 5-8 剖视图的概念及画法

2. 剖视图的画法

(1)确定剖切面的位置。通常用平面作为剖切面(也可用柱面)。画剖视图时,首先要选择恰当的剖切位置。为了表达物体内部的真实形状,剖切平面一般应通过物体内部结构的对称面或孔的轴线,并平行于相应的投影面,如图 5-8(a)所示,剖切面为正平面且通过物体的前后对称面。

(2)画剖视图。用粗实线画出机件实体被剖切面剖切后的断面轮廓,如图 5-8(b)所示。画剖视图时应注意以下几点:

① 假想剖切。由于剖切是假想的,故当一个视图取剖视后,其他视图仍按完整机件的表达需要来绘制,如图 5-9 中俯视图只画一半是错误的。

② 虚线处理。为了使剖视图清晰,凡在其他视图中已表达清楚的结构形状,其虚线省略不画,如图 5-9 主视图中的虚线省略不画。

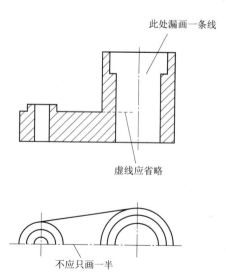

图 5-9 剖视图常见错误

③ 不要漏画剖切面后面的图线，如图5-9所示主视图中漏画一条线，正确的画法如图5-8（b）所示。

（3）画剖面符号。剖视图中，剖切面与物体接触部分，称为剖面区域，《技术制图》《机械制图》国家标准规定，在剖面区域内应根据不同材料画出相应的剖面符号，表5-1所示为各种材料的剖面符号。

表5-1 剖面符号（GB/T 4457.5—1984）

金属材料（已有规定剖面符号者除外）		线圈绕组元件		混凝土	
非金属材料（已有规定剖面符号者除外）		转子、电枢、变压器和电抗器等的叠钢片		钢筋混凝土	
木材	纵剖面	型砂、填砂、砂轮、陶瓷及硬质合金刀片、粉末冶金等		砖	
	横剖面	液体		基础周围的混凝土	
玻璃及供观察用的其他透明材料		木质胶合板（不分层数）		格网（筛网、过滤网等）	

金属材料零件的剖面符号，一般应画成与主轮廓线或剖面区域的对称线成45°的细实线，如图5-10所示。

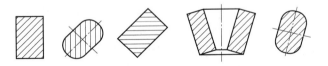

图5-10 金属材料剖面符号示例

当图形的主要轮廓与水平成45°时，该图形的剖面线也可与水平成30°或60°，其倾斜方向仍与其他图形的剖面线方向一致，其他视图的剖面线仍与水平成45°，如图5-11所示。画剖面线时应注意，同一零件剖面线的方向和间隔应一致。

5.2.2 剖视图的标注

为了便于看图，在画剖视图时应进行标注，如图5-11所示。标注的内容如下：

1. 剖切符号

表示剖切面的位置。在相应的视图上，用剖切符号（线长 5~8 mm 的粗实线）表示剖切面的起、迄及转折处位置，并尽可能不与图形轮廓线相交。

2. 投射方向

在剖切符号的两端外侧，用箭头表示剖切后的投射方向。

3. 剖视图的名称

在剖视图的上方用大写拉丁字母标注剖视图的名称"x—x"，并在剖切符号的一侧注上相同的字母。

在下列情况下，可省略或简化标注：

（1）当剖视图按投影关系配置，中间无其他图形隔开时，可省略箭头，如图 5-11 中 A—A 所示。

（2）当单一剖切平面通过物体的对称面或基本对称面，且剖视图按投影关系配置，中间又没有其他图形隔开时，可完全省略标注，如图 5-8（b）所示。

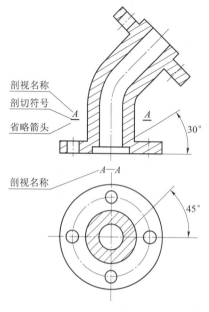

图 5-11 特殊角度的剖面线画法

5.2.3 剖视图的种类

根据剖开物体的范围，可将剖视图分为全剖视图、半剖视图和局部剖视图。

由于零件的结构形状不同，画剖视图时可采用不同剖切方法，即恰当地选择单一剖切面、几个平行剖切面、几个相交剖切面，绘制物体的全剖视图、半剖视图和局部剖视图。

1. 全剖视图

用剖切面完全地剖开物体所得的剖视图，称全剖视图，如图 5-8 所示。全剖视图主要用于表达外形简单、内部形状复杂而又不对称的物体，全剖视图的标注如前所述。

（1）用单一剖切面剖切获得的全剖视图。单一剖切面通常有平面和柱面。图 5-8 所示为用单一剖切平面剖切所得的全剖视图，是最常用的剖切形式。图 5-12 所示为用单一斜剖切面完全剖开物体所得的全剖视图，它用来表达机件倾斜部分的内形。这种剖视图一般按投影关系配置，并加以标注，如图 5-12（a）中（Ⅰ）处。在不致引起误解时，允许将图形旋转，并用旋转符号表示旋转方向，如图 5-12（a）中（Ⅱ）处。

（2）用几个平行剖切面剖切获得的全剖视图。当机件上具有几种不同的结构要素（如孔、槽等），而且它们的中心线排列在几个相互平行的平面上时，用几个平行的剖切面剖切，如图 5-13 中的 A—A 剖视图。

用几个平行的剖切平面剖切获得的全剖视图必须进行标注，画此类剖视图时，应注意以下几点：

① 不应画出剖切面转折处的分界线，如图 5-13（c）所示。

② 剖切平面转折处不应与轮廓线重合。

③ 剖视图中不应出现不完整要素，只有当两个要素在图形上具有公共对称中心轴线时，可以各画一半，并合成一个剖视图，此时应以中心线或轴线分界，如图 5-14 所示。

④ 标注时，在剖切面的起、迄、转折处注上相同字母"x"，在剖视图上方标注"x—x"。

第 5 章 机件的图样画法

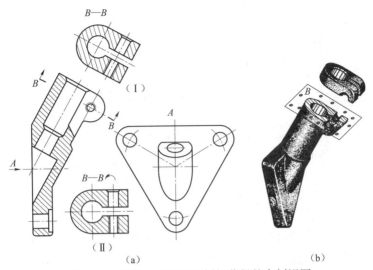

图 5-12 用单一斜剖切面剖切获得的全剖视图

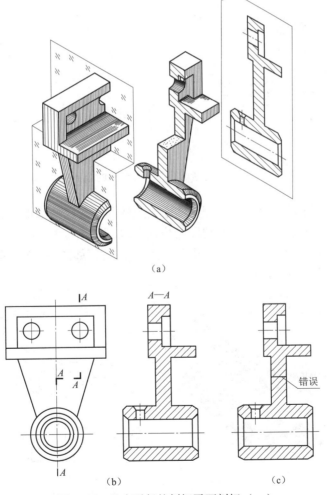

图 5-13 几个平行的剖切平面剖切（一）

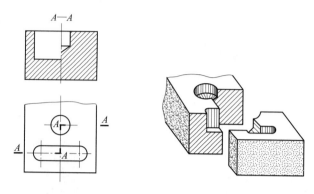

图 5-14　几个平行的剖切平面剖切（二）

（3）用几个相交剖切面剖切获得的全剖视图。用两个相交的剖切平面（交线垂直于某一投影面）剖开机件，以表达具有回转轴机件的内部形状，两剖切面的交线与回转轴重合，如图 5-15（a）所示。

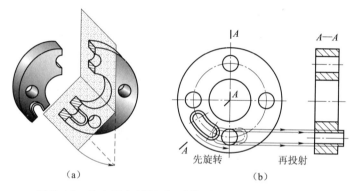

图 5-15　几个相交剖切平面剖切获得的全剖视图（一）

用该方法画剖视图时，应将倾斜部分的断面旋转到与选定的基本投影面平行，再进行投射，如图 5-15（b）所示。画此类剖视图时应注意以下几点：

① 没有被剖切面剖到的结构，仍按原来的位置投射，如图 5-16 所示机件上的小孔，其俯视图是按原来位置投射画出的。

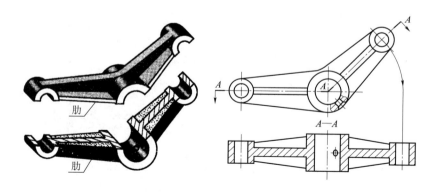

图 5-16　几个相交剖切平面剖切获得的全剖视图（二）

② 用相交剖切面剖切获得的剖视图必须进行标注，如图 5-15 和图 5-16 所示。在剖切面的起、迄、转折处标注相同的字母"×"，在剖视图上方标注"×—×"，但当转折处地方有限又不致引起误解时，允许省略字母。

（4）用组合的剖切平面剖切获得的全剖视图。如图 5-17 所示的机件，为了将机件上各部分不同形状、大小和位置的孔或槽等结构表达清楚，可以用组合的剖切平面进行剖切，这些剖切平面有的与投影面平行，有的与投影面倾斜，但它们都同时垂直于另一投影面。用这种方法画剖视图时，将倾斜剖切面剖切到的部分旋转到与选定的投影面平行后再进行投射，并标注，如图 5-17 所示。

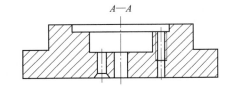
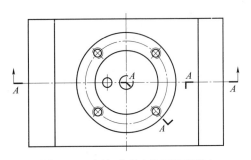

图 5-17　用组合的剖切平面剖切

2. 半剖视图

当物体具有对称平面时，向垂直于对称平面的投影面上投射所得的图形，允许以对称中心线为界，一半画成剖视图，另一半画成视图，这样获得的剖视图称为半剖视图。半剖视图主要用于内外结构都需要表达的对称机件，如图 5-18 所示。

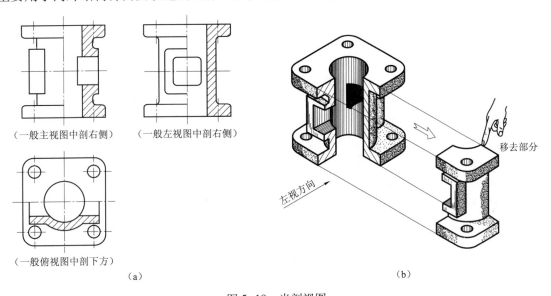

图 5-18　半剖视图

当物体的形状接近对称，且不对称部分已有图形表达清楚时，也可以画成半剖视图，如图 5-19 所示。

画半剖视图时应注意以下几点：

（1）图中剖与不剖两部分应以细点画线为界。

（2）机件内部结构已在半个剖视图中表达清楚，则在半个视图中不再画虚线。

半剖视图的标注方法与全剖视图相同。

半剖视图可用单一剖切面剖切、几个平行剖切面剖切、几个相交剖切面剖切获得，其画法及标注与全剖视图相同。

3. 局部剖视图

用剖切面局部地剖开物体所得的剖视图。局部剖视图应用比较灵活，常适用于以下几种情况：

（1）需要同时表达不对称形状的内外形状时，可采用局部剖视图，如图5-20所示。

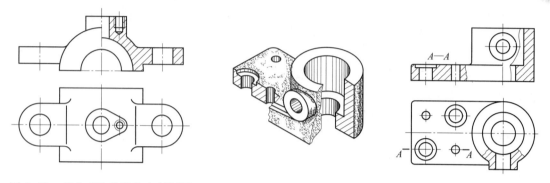

图5-19 基本对称机件的半剖视图　　　　图5-20 局部剖视图（一）

（2）当对称零件的轮廓线与对称中心线重合时，不宜采用半剖视图，常画成局部剖视图，如图5-21所示。

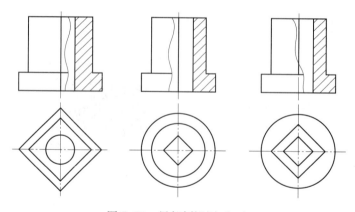

图5-21 局部剖视图（二）

（3）实心轴上的孔槽结构常采用局部剖视图，如图5-22所示。

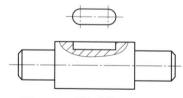

图5-22 局部剖视图（三）

局部剖视图与视图之间用波浪线或双折线作为分界线。当被剖切的局部结构为回转体时，允许将回转中心线作为局部剖视图与视图的分界线，如图5-23所示。

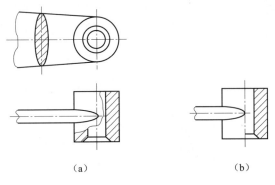

图 5-23 局部剖视图（四）

画波浪线时应注意以下几点：

（1）波浪线不应画在轮廓线的延长线上，也不能用轮廓线代替波浪线，如图 5-24（a）所示。

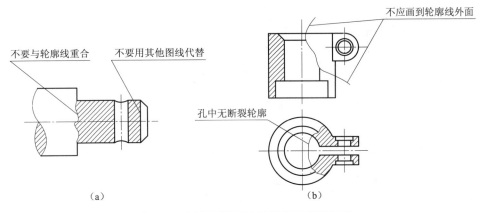

图 5-24 局部剖视图中波浪线的错误画法

（2）波浪线不应超出视图上被剖切实体部分的轮廓线，如图 5-24（b）所示的主视图。

（3）遇到零件上的孔、槽时，波浪线必须断开，不能穿孔（槽）而过，如图 5-24（b）所示的俯视图。

局部剖视图的标注方法与全剖视图基本相同，若为单一剖切平面，且剖切位置明显，则可以省略标注，如图 5-23 所示。

局部剖视图也可用单一剖切面剖切、几个平行剖切面剖切和几个相交剖切面剖切获得。

5.3 断 面 图

5.3.1 断面图的概念

如图 5-25（a）所示的轴，假想用剖切面将机件的某处切断，仅画出断面的图形，称为断面图，简称断面，如图 5-25（b）所示。

预习断面图

画断面图时应注意断面图与剖视图的区别，断面图仅画出断面形状，而剖视图除了画出断面形状外，还必须画出断面后边的可见轮廓线，如图 5-25（c）所示。

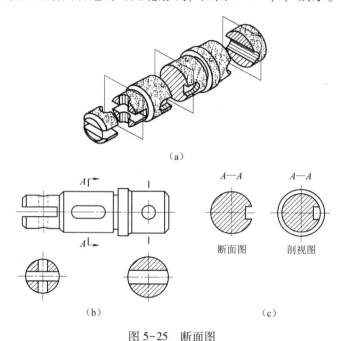

图 5-25　断面图
（a）立体图；（b）断面图；（c）断面图与剖视图的比较

5.3.2　断面图的种类及画法

断面图分为移出断面图和重合断面图。

1. 移出断面图

画在视图之外的断面图，称为移出断面图。画移出断面图时，应注意以下几点：

（1）移出断面图的轮廓线用粗实线绘制，并在剖面区域内画上剖面符号。

（2）移出断面图应尽量配置在剖切线的延长线上，如图 5-26（b）、（c）所示；必要时，也可配置在其他适当位置，如图 5-26（a）、（d）所示。此外，移出断面图也可按投影关系配置，如图 5-27 所示。

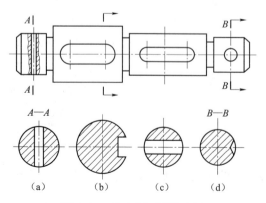

图 5-26　移出断面图的配置

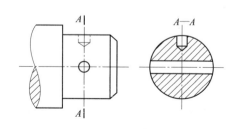

图 5-27　按投影关系配置的移出断面图

(3) 剖切平面一般应垂直于被剖切部分的主要轮廓线,当遇到如图 5-28 所示的肋板结构时,可用两相交的剖切面剖切,这样画出的移出断面图中间用细波浪线断开,如图 5-28 所示。

(4) 当移出断面图图形对称时,可配置在视图的中断处,如图 5-29 所示。

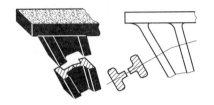

图 5-28 用相交剖切平面剖切得到的移出断面图

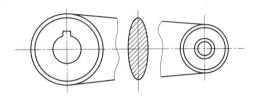

图 5-29 配置在视图中断处的移出断面图

(5) 当剖切面通过由回转面形成的孔或凹坑的轴线,或剖切面通过非圆孔而导致出现完全分离的断面图形时,这些结构按剖视图绘制,如图 5-30 和图 5-31 所示。

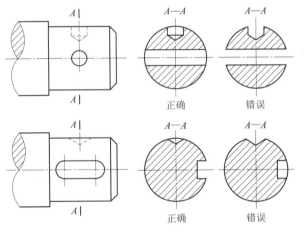

图 5-30 带孔或凹坑的断面图

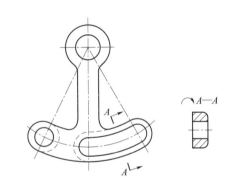

图 5-31 按剖视图绘制的非圆孔断面图

2. 重合断面图

画在视图轮廓线内的断面图称重合断面图,如图 5-32 所示。重合断面图的轮廓线用细实线绘制。当视图中的轮廓线与重合断面图重合时,视图中轮廓线连续画出,不可间断,如图 5-32(b)所示。

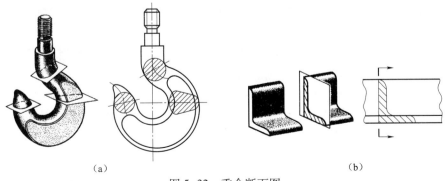

(a)　　　　　　　　　　　　　　　(b)

图 5-32 重合断面图

3. 断面图标注

移出断面图一般用剖切符号表示剖切位置，用箭头表示投射方向，并标上大写拉丁字母，在断面图的上方，用相同的字母标出断面图的名称，如图5-26（d）所示。

以下几种情况可省略标注：

（1）配置在剖切符号延长线上的不对称移出断面图可省略字母，如图5-26（b）所示；配置在剖切符号上的不对称重合断面图可省略字母，如图5-32（b）所示。

（2）不配置在剖切线延长线上的对称的移出断面图［图5-26（a）］及按投影关系配置的移出断面图［图5-27］，可省略箭头。

（3）配置在剖切线延长线上的对称移出断面图、配置在视图中断处的对称移出断面图及对称的重合断面图，均可完全省略标注。

5.4 其他图样画法

5.4.1 局部放大图

将机件的部分结构用大于原图形所采用的比例画出的图形，称局部放大图。局部放大图通常用于表达机件上的某些细小结构，在视图上由于过小而表达不清楚，或使标注尺寸产生困难的情况，如图5-33所示。

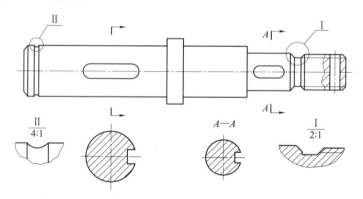

图5-33 局部放大图

画局部放大图应注意以下几点：

（1）局部放大图可画成视图、剖视图、断面图，与被放大部位的图样画法无关，局部放大图应尽量配置在被放大部位附近。

（2）局部放大图所采用的比例应根据结构需要选定，与原图形比例无关。同一机件上有几处需要同时放大时，各局部放大图的比例不要求统一。

（3）绘制局部放大图时，除螺纹牙型、齿轮和链轮的齿形外，应将被放大部位用细实线圈出。机件上如有一处需放大，只需在局部放大图的上方注明所采用的比例。若同一机件上有几处同时需放大时，用罗马数字标明放大位置，并在相应的局部放大图上标出同样的罗马数字及所采用的比例。

5.4.2 简化画法

（1）对于机件的肋、轮辐及薄壁件，如按纵向剖切，则这些结构都不画剖面符号，而是用粗实线将它与其邻接部分分开。当零件回转体上均匀分布的肋、轮辐、孔等结构不处于剖切平面上时，可将这些结构旋转到剖切平面上画出，如图 5-34 所示。

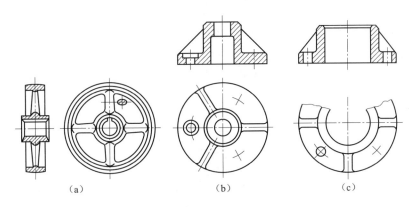

图 5-34　肋、轮辐、均匀分布的孔的画法

（2）在不致引起误解时，对于对称机件的视图，可只画一半或四分之一，并在对称中心线的两端画出两条与其垂直的平行细实线，如图 5-35 所示。

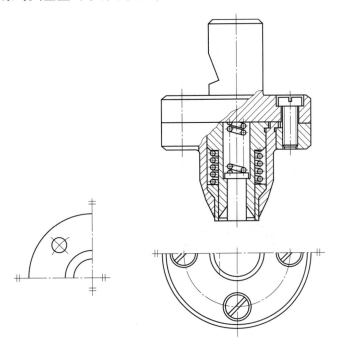

图 5-35　对称机件的简化画法

（3）较长的机件（轴、杆、型材、连杆等）沿长度方向的形状一致或按一定规律变化时，可断开后缩短绘制，如图 5-36 所示。标注尺寸时应标注实际尺寸。

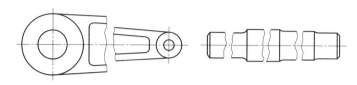

图 5-36 较长机件的断裂画法

（4）移出断面图一般要画出剖面符号，但在不致引起误解时剖面符号可省略，如图 5-37 所示。

（5）与投影面倾斜角度小于或等于 30°的圆或圆弧，其投影可用圆或圆弧代替，如图 5-38 所示。

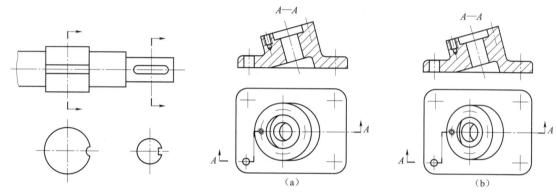

图 5-37 省略剖面符号的断面图

图 5-38 倾斜圆的简化画法
（a）简化后；（b）简化前

（6）在剖视图的剖面中可再作一次局部剖视。采用这种方法表达时，两个剖面的剖面线可以同方向、同间隔，但要互相错开，并用引出线标注其名称，如图 5-39 所示。

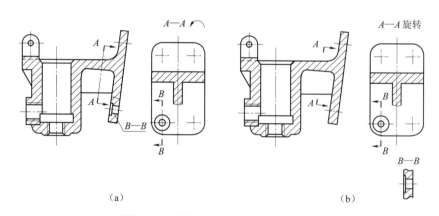

图 5-39 剖视图的剖面中再作的剖视
（a）简化后；（b）简化前

（7）当机件上有若干个相同结构（齿、槽等）并按一定规律分布时，只需画出几个完整的结构，其余用细实线连接，但必须在图中注明该结构的总数，如图 5-40 所示。

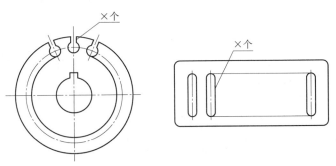

图 5-40 相同结构的简化画法

（8）圆柱形法兰或类似结构上按圆周均匀分布的孔，可按图 5-41 所示方式表示。

（9）当机件上的小平面在图形中不能充分表达时，可用平面符号（相交的两条细实线）表示这些平面，如图 5-42 所示。

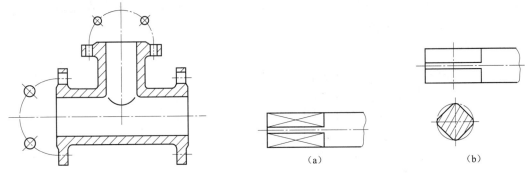

图 5-41 圆柱形法兰均布孔的简化画法

图 5-42 用平面符号表示平面
（a）简化后；（b）简化前

（10）零件上对称结构的局部视图，可按如图 5-43 所示的方式绘制。

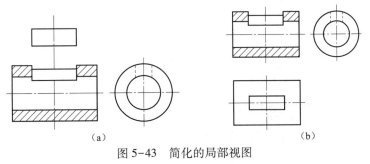

图 5-43 简化的局部视图
（a）简化后；（b）简化前

5.5　第三角投影简介

目前世界各国的工程图样有两种画法，即第一角画法和第三角画法，且国际标准规定，第一角画法和第三角画法等效使用。我国国家标准规定采用第一角画法，而美国、日本等国家采用第三角画法。为了适应国际技术交流的需要，我们有必要了解第三角画法。

如图 5-44 所示，三个互相垂直的投影面将空间分为八个部分，每部分为一个分角，依次为Ⅰ、Ⅱ、Ⅲ、…、Ⅷ分角。

第一角画法是将机件置于第一分角内，使机件处于观察者与投影面之间而得到的多面正投影，如图 5-45（a）所示。第三角画法是将机件置于第三分角内，并使投影面（假想是透明的）处于观察者与机件之间而得到的多面正投影，如图 5-45（b）所示。

采用第三角画法时，将机件向正六面体的六个平面进行投射，然后按如图 5-46 所示方法展开，也可得到六个基本视图，如图 5-47（b）所示。与第一角投影相比，由于投射时观察者、投影面、机件三者之间的相对位置不同，所以两种画法的展开方式及六个基本视图的配置也不相同，但投影原理相同，即"长对正、宽相等、高平齐"。

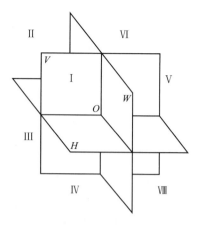

图 5-44　八个分角

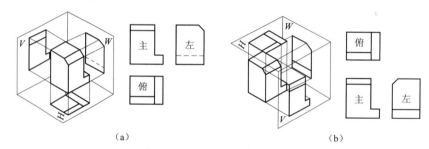

图 5-45　第一角画法与第三角画法比较
(a) 第一角；(b) 第三角

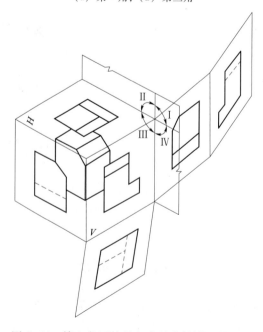

图 5-46　第三角画法的六个基本投影面的展开

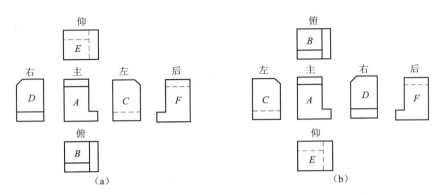

图 5-47　第一角画法和第三角画法六个基本视图配置的比较
(a) 第一角画法；(b) 第三角画法

在国际标准中为区别第一角画法和第三角画法，规定了两种画法的识别符号，如图 5-48 所示。

图 5-48　第一角画法和第三角画法的识别符号
(a) 第一角画法；(b) 第三角画法

在 GB/T 14692—1993 中规定，采用第三角画法时，必须在图样中标出第三角投影的识别符号。当采用第一角画法时，在图样中一般不画出识别符号，必要时可画出第一角投影的识别符号。

第6章 标准件与常用件

在机器或部件中，除了一般零件外，还广泛使用标准件和常用件。如螺纹紧固件（螺栓、螺母、垫圈、双头螺柱、螺钉）、连接件（键、销）、滚动轴承等零件，国家标准对它们的结构、尺寸、画法等均进行了标准化规定，这些零件称标准件。另一些零件，如齿轮、弹簧等，国家标准对它们的部分结构进行了标准化规定，这些零件称常用件。本章主要介绍标准件、常用件的基本知识、规定画法、代号、标注及查表方法。

6.1 螺　　纹

螺纹是零件上常见的标准结构。螺纹分外螺纹和内螺纹两种，成对使用。在圆柱或圆锥外表面上加工得到的螺纹称外螺纹，在圆柱或圆锥内表面上加工得到的螺纹称内螺纹。

6.1.1 螺纹的形成

螺纹可采用不同的加工方法制成。图 6-1 所示为在车床上加工螺纹，工件做匀速旋转运动，而车刀与工件接触并做匀速直线运动。图 6-2 所示为手工加工内外螺纹的工具。图 6-3 所示为利用丝锥加工内螺纹，首先用钻头钻孔，然后用丝锥攻出内螺纹。

图 6-1　车床加工螺纹

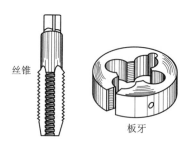

图 6-2　手工加工螺纹的工具

6.1.2 螺纹要素

螺纹的要素有牙型、直径、线数、螺距和旋向，内外螺纹连接时，以上螺纹要素必须相同。

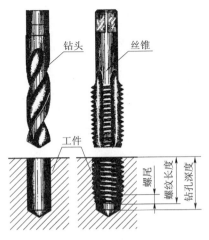

图 6-3 用丝锥加工内螺纹

1. 牙型

在通过螺纹轴线的剖面上，螺纹的轮廓形状称为螺纹牙型。常见的牙型有三角形、梯形、锯齿形、矩形等，如图 6-4 所示。

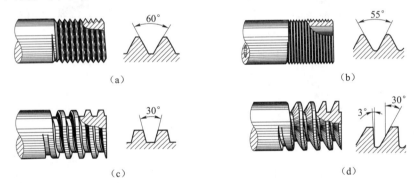

图 6-4 常用标准螺纹的牙型
(a) 普通螺纹；(b) 管螺纹；(c) 梯形螺纹；(d) 锯齿形螺纹

2. 直径

螺纹直径有大径（d、D）、小径（d_1、D_1）和中径（d_2、D_2），如图 6-5 所示。其中外螺纹大径 d 和内螺纹小径 D_1 亦称顶径，外螺纹小径 d_1 和内螺纹大径 D 亦称底径。大径一般又称螺纹公称直径，是指与外螺纹牙顶或内螺纹牙底相切的假想圆柱面或圆锥面的直径，即螺纹最大直径。小径是指与外螺纹牙底或内螺纹牙顶相切的假想圆柱面或圆锥面的直径，即螺纹的最小直径。中径是指一个假想圆柱面或圆锥面的直径，该圆柱或圆锥的母线通过牙型上沟槽和凸起宽度相等的地方。

螺纹大径、小径、中径的尺寸可查阅附表 1-1。当不便查表时，小径近似为大径的 0.85 倍，即 $d_1(D_1) \approx 0.85d(D)$。

3. 线数

线数是指形成螺纹时的螺旋线的条数，用 n 表示。螺纹有单线和多线之分，沿一条螺旋

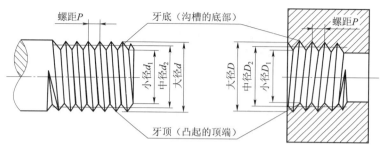

图6-5 螺纹的直径

线加工形成的螺纹称单线螺纹,如图6-6(a)所示;沿两条或两条以上螺旋线加工形成的螺纹称多线螺纹,如图6-6(b)所示。

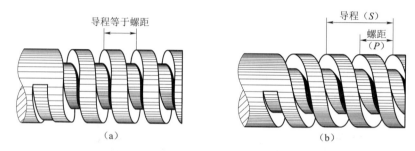

图6-6 螺纹线数、螺距、导程
(a)单线螺纹;(b)多线螺纹

4. 螺距（P）和导程（P_h）

螺距是螺纹上相邻两牙在中径线上对应两点的轴向距离,用 P 表示。导程是在同一螺旋线上相邻两牙在中径线上对应两点的轴向距离,用 P_h 表示,如图6-6所示。螺纹的线数、螺距、导程的关系为 $P_h=nP$。螺距可在附表1-1中查得。

5. 旋向

螺纹分右旋和左旋两种,如图6-7所示。

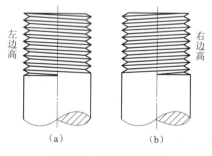

图6-7 螺纹的旋向
(a)左旋螺纹;(b)右旋螺纹

当螺纹旋合时,顺时针方向旋入为右旋螺纹,反之为左旋螺纹。常用的为右旋螺纹。旋向可用下述方法判断,将螺纹轴线垂直放置,螺纹的可见部分右高左低者为右旋螺纹,左高右低者为左旋螺纹,如图6-7所示。

国家标准对牙型、大径和螺距作了一系列规定。凡牙型、大径和螺距等符合标准的称为标准螺纹。牙型符合标准而大径和螺距不符合标准的,称为特殊螺纹。牙型不符合标准的称非标准螺纹。

6.1.3 螺纹的表示法

国家标准《机械制图》GB/T 4459.1—1995规定了在机械图样中,螺纹及螺纹紧固件的表示法。标准规定,无论螺纹牙型如何,其规定画法是一致的。

1. 单个螺纹的表示法

(1) 在平行于螺纹轴线的视图上,牙顶圆的投影用粗实线表示,牙底圆的投影用细实线表示,且画进倒角或倒圆,螺杆端部的倒角或倒圆也应画出。在垂直于螺纹轴线的视图上,表示牙顶的圆画成粗实线的整圆,表示牙底的细实线圆只画约3/4圈(空出约1/4圈的位置不作规定),此时螺杆或螺孔上的倒角投影不画出,如图6-8和图6-9所示。

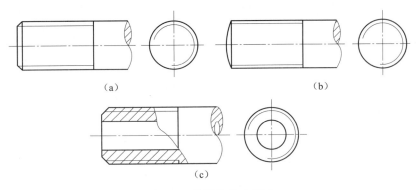

图6-8 外螺纹的表示法

(2) 有效螺纹的终止界线(简称螺纹终止线)用粗实线表示,外螺纹终止线的画法如图6-8所示,内螺纹终止线的画法如图6-9所示。

(3) 螺尾部分一般不必画出,当需要表示螺尾时,该部分用与轴线成30°角的细实线画出,如图6-10(a)所示。

(4) 无论是外螺纹还是内螺纹,剖视图中的剖面线应画到粗实线处,如图6-8~图6-10所示。

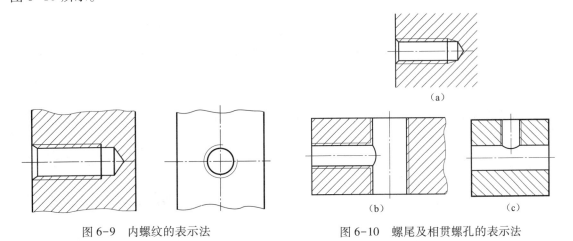

图6-9 内螺纹的表示法　　图6-10 螺尾及相贯螺孔的表示法

(5) 不可见螺纹的所有图线用虚线画出,如图6-11所示。

(6) 绘制不穿通的螺孔时,应将钻孔深度与螺纹部分的深度分别画出,一般钻孔深度与螺孔深度相差约0.5D,且钻孔锥顶角规定画成120°,如图6-9和图6-10(a)所示。

（7）当需要表示螺纹牙型时，可按图 6-12 画出。

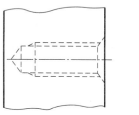
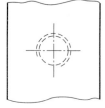
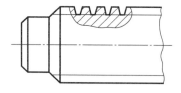

图 6-11　不可见螺纹的表示法　　　　　　图 6-12　螺纹牙型的表示法

2. 内外螺纹连接的表示法

用剖视图表示内外螺纹连接时，其旋合部分应按外螺纹的规定画法表示，其余部分应按各自的规定画法表示，如图 6-13 所示。

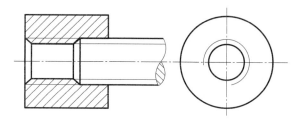

图 6-13　内外螺纹旋合的表示法

6.1.4　螺纹的种类

螺纹按用途可分为连接螺纹和传动螺纹两大类。常用的连接螺纹有普通螺纹和管螺纹，传动螺纹有梯形螺纹和锯齿形螺纹等。

6.1.5　螺纹的标注

由于螺纹的规定画法中不能表示螺纹种类和螺纹要素，因此在绘制螺纹图样时，标准螺纹应注出相应标准规定的螺纹标记。

1. 普通螺纹标注

普通螺纹标记如下：螺纹特征代号 公称直径×螺距 旋向代号—中径公差带代号 顶径公差带代号—旋合长度代号

——普通螺纹特征代号为 M，粗牙螺纹不标注螺距。

——旋向，左旋螺纹用"LH"表示，右旋螺纹不标注旋向。

——公差带代号中，大写字母表示内螺纹，小写字母表示外螺纹，若两组公差带相同，则只写一组。

——旋合长度分为短旋合长度（S）、中等旋合长度（N）和长旋合长度（L），一般选用中等旋合长度，此时 N 省略不标。

普通螺纹标注见表 6-1。

表 6-1 普通螺纹标注示例

标注示例	说　明
M20-6H	公称直径为 20 mm 的右旋粗牙普通螺纹（内螺纹），中径和顶径公差带代号均为 6H，中等旋合长度
M20×2LH-5g6g-S	公称直径为 20 mm、螺距为 2 mm 的左旋细牙普通螺纹（外螺纹），中径公差带代号为 5g，顶径公差带代号为 6g，短旋合长度
M20×2-6H6g	公称直径为 20 mm、螺距为 2 mm 的两右旋内、外螺纹旋合，内螺纹公差带代号为 6H，外螺纹公差带代号为 6g

2. 管螺纹的标注

常用的管螺纹有 55°非密封管螺纹和 55°密封管螺纹。

55°非密封管螺纹代号如下：

外管螺纹：螺纹特征代号 尺寸代号 公差等级代号 旋向代号

内管螺纹：螺纹特征代号 尺寸代号 旋向代号

55°非密封管螺纹用 G 表示。

55°密封管螺纹代号如下：螺纹特征代号 尺寸代号 旋向代号

——螺纹特征代号：圆锥外螺纹用 R 表示（其中与圆柱内螺纹相配合的圆锥外螺纹用 R_1 表示，与圆锥内螺纹相配合的圆锥外螺纹用 R_2 表示），圆锥内螺纹用 R_c 表示，圆柱内螺纹用 R_p 表示。

——尺寸代号不是螺纹大径，而是管子通径，尺寸单位为英寸，螺纹大径可从标准中查得，因此，标注管螺纹的尺寸指引线应自大径引出或由对称中心线引出。

——公差等级代号分为 A、B 两个等级。

——旋向代号：右旋不标，左旋标"LH"。

管螺纹标注示例见表 6-2。

表 6-2 管螺纹标注示例

螺纹类别	标注示例	说　　明
55°非密封管螺纹	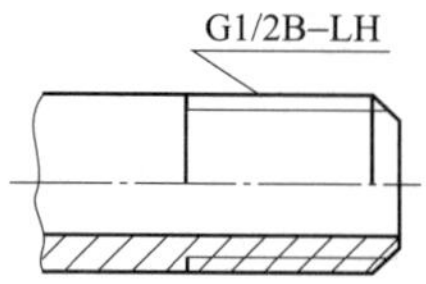 G1/2B–LH	尺寸代号为1/2，左旋的55°非密封B级圆柱外螺纹
	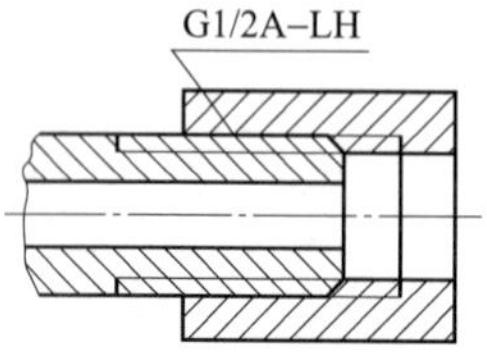 G1/2A–LH	尺寸代号为1/2，左旋，A级的两55°非密封圆柱内、外螺纹旋合
55°密封管螺纹	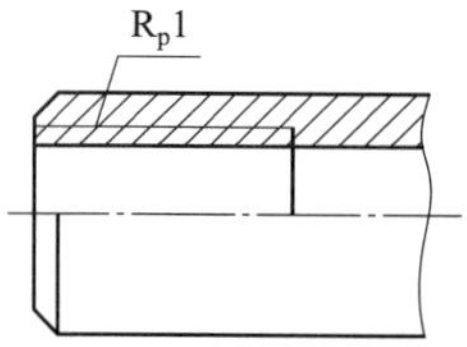 R_p1	尺寸代号为1，右旋的55°密封圆柱内螺纹
	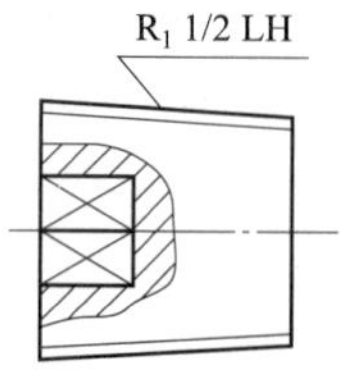 R_1 1/2 LH	尺寸代号为1/2，左旋，与圆柱内螺纹相配合的55°密封圆锥外螺纹
	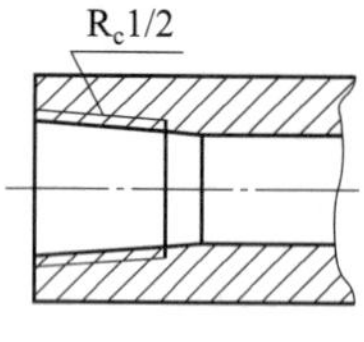 R_c1/2	尺寸代号为1/2，右旋的55°密封圆锥内螺纹

3. 梯形螺纹、锯齿形螺纹的标注

梯形螺纹、锯齿形螺纹的标记如下：

单线：螺纹特征代号 公称直径×螺距 旋向代号 中径公差带代号 旋合长度代号

多线：螺纹特征代号 公称直径×导程（螺距）旋向代号 中径公差带代号 旋合长度代号

——螺纹特征代号：梯形螺纹用 T_r 表示，锯齿形螺纹用 B 表示。

——旋合长度分为中等旋合长度（N）和长旋合长度（L）两种，常选中等旋合长度，此时 N 省略。

梯形螺纹、锯齿形螺纹的标注示例见表 6-3。

表 6-3 梯形螺纹、锯齿形螺纹标注示例

螺纹类型	标注示例	说 明
梯形螺纹	Tr40×14(P7)LH-8e-L	公称直径为 40 mm，导程为 14 mm，螺距为 7 mm 的双线左旋梯形外螺纹，中径公差带代号为 8e，长旋合长度
梯形螺纹	Tr40×7-7H	公称直径为 40 mm，螺距为 7 mm 的单线右旋梯形内螺纹，中径公差带代号为 7H，中等旋合长度
梯形螺纹	Tr52×8-7H/7e	公称直径为 52 mm，螺距为 8 mm 的两单线右旋梯形内、外螺纹旋合，内外螺纹公差带代号分别为 7H 和 7e
锯齿形螺纹	B40×7-7e	公称直径为 40 mm，螺距为 7 mm，中径公差带代号为 7e，中等旋合长度的右旋锯齿形外螺纹
锯齿形螺纹	B40×7-7A	公称直径为 40 mm，螺距为 7 mm，中径公差带代号为 7A，中等旋合长度的右旋锯齿形内螺纹

4. 非标准螺纹

对于非标准螺纹，应画出螺纹的牙型，并标注出所需尺寸及有关要求，如图 6-14 所示。

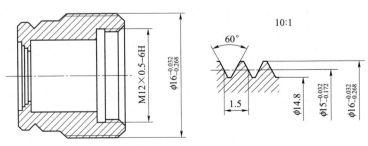

图 6-14 非标准螺纹表示法

6.2 螺纹紧固件

螺纹紧固件的种类很多,其结构及尺寸都已标准化,属于标准件。常用的螺纹紧固件有螺栓、双头螺柱、螺钉、螺母和垫圈等,如图 6-15 所示。

图 6-15 常见的螺纹紧固件

6.2.1 螺纹紧固件的标记及画法

1. 螺纹紧固件的规定标记

螺纹紧固件的完整标记由名称、国标代号、尺寸和性能等级等组成。表 6-4 列出了各种常用螺纹紧固件的图例及标记示例。

表 6-4 常用螺纹紧固件图例及标记示例

名称及国标号	图 例	标记及说明
六角头螺栓 GB/T 5782—2000		螺栓 GB/T 5782 M10×50 表示 A 级六角头螺栓,螺纹规格 $d=$ M10,公称长度为 50 mm
双头螺柱($b_m=1d$) GB/T 897—1988		螺柱 GB/T 897 M10×50 表示 B 型双头螺柱,两端均为粗牙普通螺纹,螺纹规格 $d=$ M10,公称长度为 50 mm

续表

名称及国标号	图例	标记及说明
开槽圆柱头螺钉 GB/T 65—2000	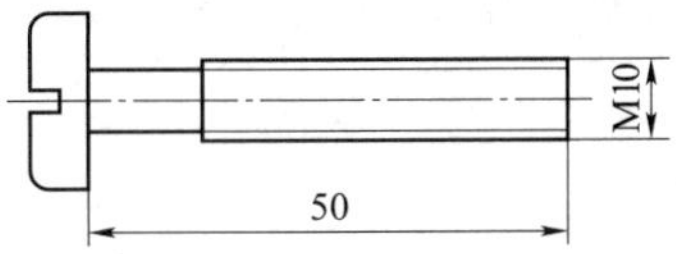	螺钉 GB/T 65 M10×50 表示开槽圆柱头螺钉，螺纹规格 $d=$ M10，公称长度为 50 mm
内六角圆柱头螺钉 GB/T 70.1—2000	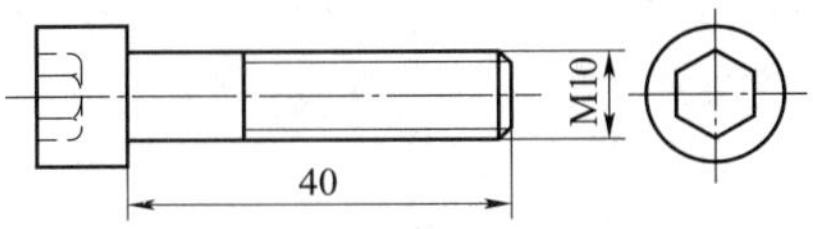	螺钉 GB/T 70.1 M10×50 表示 A 级内六角圆柱头螺钉，螺纹规格 $d=$ M10，公称长度为 40 mm
开槽沉头螺钉 GB/T 68—2000	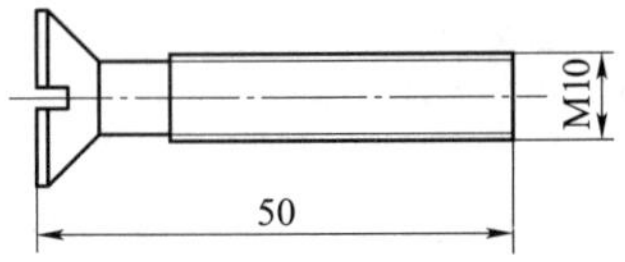	螺钉 GB/T 68 M10×50 表示开槽沉头螺钉，螺纹规格 $d=$ M10，公称长度为 50 mm
开槽锥端紧定螺钉 GB/T 71—1985	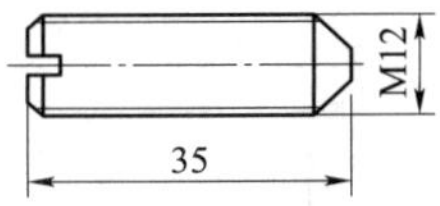	螺钉 GB/T 71 M12×35 表示开槽锥端紧定螺钉，螺纹规格 $d=$ M12，公称长度为 35 mm
1 型六角螺母 GB/T 6170—2000	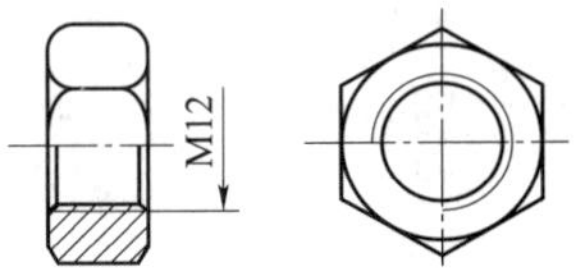	螺母 GB/T 6170 M12 表示 A 级 1 型六角螺母，螺纹规格 $D=$ M12
1 型六角开槽螺母 GB/T 6178—2000	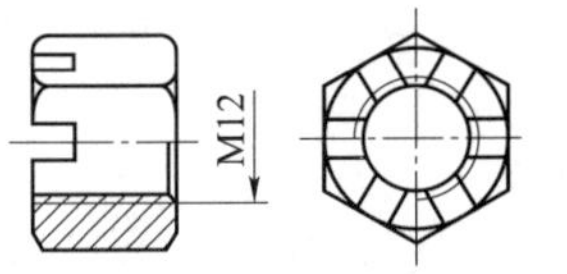	螺母 GB/T 6178 M12 表示 A 级 1 型六角开槽螺母，螺纹规格 $D=$ M12
平垫圈 GB/T 97.1—2002	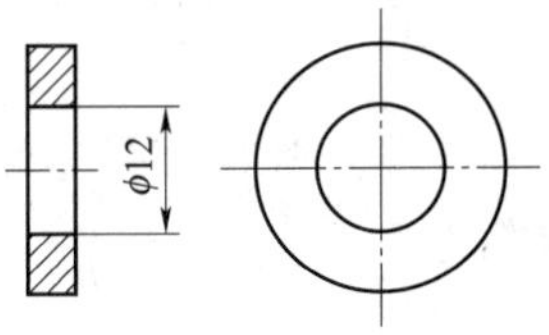	垫圈 GB/T 97.1 12 表示 A 级平垫圈，公称尺寸（螺纹规格）为 12 mm
标准型弹簧垫圈 GB/T 93—1987	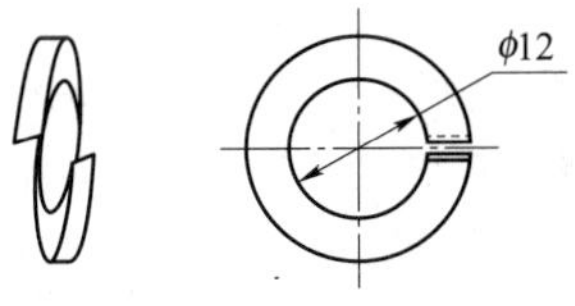	垫圈 GB/T 93 12 表示标准弹簧垫圈，公称尺寸（螺纹规格）为 12 mm

2. 螺纹紧固件的画法

螺纹紧固件均为标准件，不需要单独绘制其零件图，但在装配图中需要画出。螺纹紧固件的画法有查表画法和比例画法。

（1）查表画法。根据螺纹紧固件的标记，在相应的标准（见附录）中查得各部分尺寸后作图。

（2）比例画法。根据公称直径，按与其近似的比例关系计算出各部分尺寸后作图。螺纹紧固件的比例画法如图 6-16 所示。

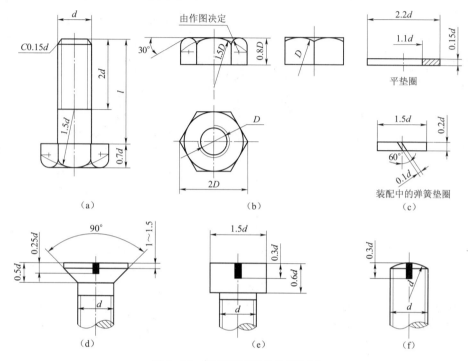

图 6-16　螺纹紧固件的比例画法
(a) 螺栓；(b) 螺母；(c) 垫圈；(d) 开槽沉头螺钉；(e) 开槽圆柱头螺钉；(f) 紧定螺钉

6.2.2　螺纹紧固件连接的画法

常用螺纹紧固件的连接有螺栓连接、双头螺柱连接和螺钉连接三种形式。

1. 螺栓连接

螺栓用于连接两个不太厚并能钻成通孔的零件。螺栓连接常用于需经常拆卸的场合，如图 6-17（a）所示。图 6-17（b）所示为螺栓连接的表示法。

画螺栓连接时，注意以下几点：

（1）两零件的接触面只画一条线。

（2）当剖切平面通过螺栓轴线时，螺栓、螺母和垫圈按不剖绘制。

（3）相邻两零件的剖面线应加以区分（方向相反或间距不同）。

（4）螺栓长度可按下式估算：

$$L \geqslant \delta_1 + \delta_2 + h + m + a$$

式中，$a \approx (0.2 \sim 0.3)d$，根据计算出的 L 值，从附表 2.1 的螺栓公称长度系列中选取与它相近的值。

（5）被连接件上加工的光孔直径稍大于螺栓公称直径，一般取 $1.1d$。

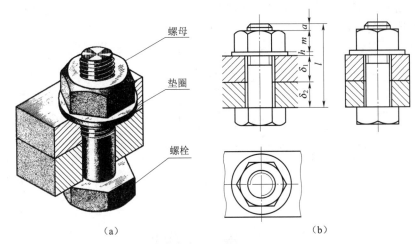

图 6-17 螺栓连接
(a) 轴测图；(b) 连接画法

2. 双头螺柱连接

双头螺柱连接用于被连接两个零件中有一个较厚，不宜或不能钻成通孔，且经常拆卸的场合，如图 6-18（a）所示。双头螺柱连接的表示方法如图 6-18（b）所示。

双头螺柱两端都有螺纹，一端旋入较厚零件的螺孔中，称旋入端；另一端与螺母旋合，称紧固端。画双头螺柱连接图时应注意旋入端的螺纹终止线与接合面平齐，其余部分的画法与螺栓连接画法相同。

3. 螺钉连接

螺钉按用途可分为连接螺钉和紧定螺钉两种。

（1）连接螺钉。连接螺钉一般用于受力不大且不需要经常拆卸的场合，如图 6-19（a）所示。图 6-19（b）所示为螺钉连接的画法，画图时应注意：螺纹终止线应超出接合面。采用带一字槽的螺钉连接时，在投影为非圆的视图中，其槽口面对观察者，在投影为圆的视图中，一字槽按 45°画出。当一字槽宽度小于或等于 2 mm 时，可涂黑表示。

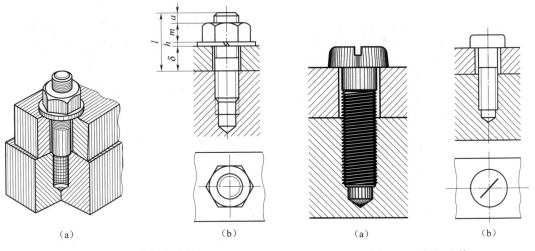

图 6-18 双头螺柱连接   图 6-19 螺钉连接

（2）紧定螺钉。紧定螺钉用来固定相配合零件间的相对位置，防止其产生相对运动。紧定螺钉的连接如图6-20所示。

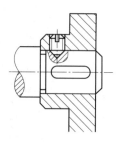

图6-20 紧定螺钉的连接

6.3 键、销连接

键和销均属于标准件，键连接和销连接是工程中常见的可拆连接。

6.3.1 键连接

键用来连接轴和轴上的传动零件（如齿轮、带轮等），使其相对位置固定，并传递扭矩，如图6-21所示。

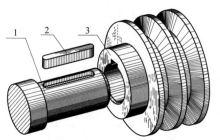

图6-21 键连接
1—轴；2—键；3—带轮

为了把轮和轴装在一起，使其同时转动，通常在轮孔和轴的表面上分别加工出键槽，然后把键放入轴的键槽内，并将带键的轴装入具有贯通键槽的轮孔中，这种连接称为键连接。常用的键有普通平键（A型、B型、C型）、半圆键和钩头楔键，如图6-22所示。

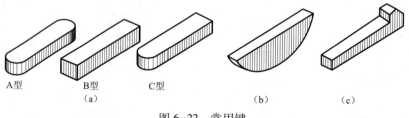

图6-22 常用键
（a）普通平键；（b）半圆键；（c）钩头楔键

1. 键的形式及标记

常用键的形式及标记示例见表 6-5。

表 6-5 常用键的形式及标记示例

名称	图例	标记示例
普通平键 GB/T 1096—2003		$b = 16$ mm，$h = 10$ mm，$l = 100$ mm 的 A 型普通平键的标记为： GB/T 1096 键 16×10×100
半圆键 GB/T 1099.1—2003		$b = 6$ mm，$h = 10$ mm，$D = 25$ mm 的半圆键的标记为： GB/T 1099.1 键 16×10×25
钩头楔键 GB/T 1565—2003		$b = 18$ mm，$h = 11$ mm，$l = 100$ mm 的钩头楔键的标记为： GB/T 1565 键 18×11×100

2. 键连接的画法

（1）普通平键连接。图 6-23 所示为普通平键连接的规定画法。普通平键的两个侧面是工作面，上下底面是非工作面。连接时，普通平键的两个侧面与轴和轮毂键槽的侧面相接触，键的底面与轴键槽的底面相接触，分别画一条线；键的顶面与轮毂键槽的顶面有间隙，画两条线。

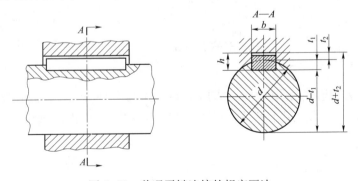

图 6-23 普通平键连接的规定画法

（2）半圆键连接。图 6-24 所示为半圆键连接的规定画法。半圆键的连接方式与普通平键相似，即两个侧面为工作面，顶面为非工作面。画图时，键的侧面与轴键槽、轮毂键槽的侧面相接触，画一条线；键的顶面与轮毂键槽的顶面有间隙，画两条线。

（3）钩头楔键连接。图 6-25 所示为钩头楔键连接的规定画法。钩头楔键的顶面有 1∶100 的斜度，连接时沿轴向把键打入键槽内，直至打紧为止，因此，钩头楔键的上下底面为工作面，与轴键槽和轮毂键槽相接触，中间画一条线；两侧面与键槽形成配合，也画一条线。

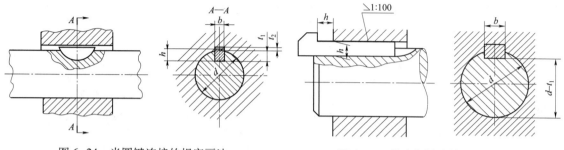

图 6-24 半圆键连接的规定画法　　　　图 6-25 钩头楔键连接的规定画法

6.3.2 销连接

常用的销有圆柱销、圆锥销和开口销。

常用销的型式和标记见表 6-6。

表 6-6 常用销的型式和标记

名称	图　例	标记示例
圆柱销 GB/T 119.1—2000	≈15°, c, l, c, d	销 GB/T 119.1 $d \times l$
圆锥销 GB/T 117—2000	1:50, d, l	销 GB/T 117 $d \times l$
开口销 GB/T 91—2000	l, d	销 GB/T 91 $d \times l$

图 6-26 所示为销连接的图样画法。圆锥销的公称直径是小端直径。开口销要与带孔螺栓和开槽螺母一起配合使用，用于螺纹连接的锁紧装置中，以防止螺母松动，如图 6-26（c）所示。

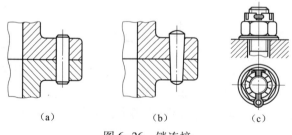

图 6-26 销连接
（a）圆柱销连接；（b）圆锥销连接；（c）开口销连接

6.4 滚动轴承

滚动轴承

滚动轴承是用来支承传动轴的标准部件，其结构尺寸均已标准化，由专门的工厂生产，需要时可根据设计要求进行选型。滚动轴承因其摩擦小、旋转精度高、维护方便而被广泛应用。

1. 滚动轴承的结构和分类

滚动轴承的种类很多，但其结构大体相同，一般由外圈、内圈、滚动体和保持架组成，如图 6-27 所示。

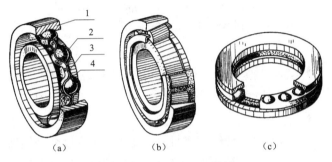

图 6-27 滚动轴承的结构
（a）深沟球轴承；（b）推力球轴承；（c）圆锥滚子轴承
1—外圈；2—滚动体；3—保持架；4—内圈

滚动轴承按其承受载荷的方向可分为三类。

（1）向心轴承：主要承受径向载荷，如深沟球轴承（图 6-27（a））。
（2）推力轴承：仅能承受轴向载荷，如推力球轴承（图 6-27（c））。
（3）向心推力轴承：能同时承受径向载荷和轴向载荷，如圆锥滚子轴承（图 6-27（b））。

2. 滚动轴承的代号

滚动轴承的代号由前置代号、基本代号和后置代号组成。常用的滚动轴承只需基本代号。基本代号由轴承类型代号、尺寸系列代号和内径系列代号组成。

（1）轴承类型代号。轴承类型代号由数字或字母表示，见表 6-7。

表 6-7 轴承类型代号（摘自 GB/T 272—1993）

代号	0	1	2	3	4	5	6	7	8	N	U	QJ
轴承类型	双列角接触球轴承	调心球轴承	调心滚子轴承和推力调心滚子轴承	圆锥滚子轴承	双列深沟球轴承	推力球轴承	深沟球轴承	角接触球轴承	推力圆柱滚子轴承	圆柱滚子轴承	外球面球轴承	四点接触球轴承

（2）尺寸系列代号。尺寸系列代号由轴承的宽（高）度系列代号和直径系列代号组成，用两位数字表示。它的主要作用是区别内径相同而宽度和外径不同的轴承，具体代号需查阅相关标准。

（3）内径系列代号。内径系列代号表示轴承的公称内径，一般用两位数字表示。当其代号为00、01、02、03时，分别表示内径 d 为 10 mm、12 mm、15 mm、17 mm；当代号数字为04~96时，轴承内径为代号数字乘以5；当轴承内径尺寸为1~9 mm 或 ≥500 mm 以及 22 mm、28 mm、32 mm 时，用公称内径毫米数直接表示，但与尺寸系列代号用"/"隔开。下面举例说明滚动轴承代号的含义。

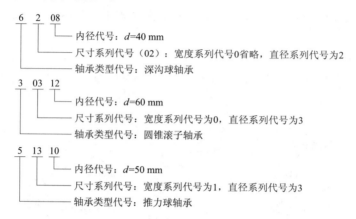

3. 滚动轴承的画法

滚动轴承是标准件，不需要单独绘制零件图。在画装配图时，可根据国家标准规定的规定画法和简化画法（通用画法和特征画法）表示。常用滚动轴承的画法见表6-8。

表6-8 滚动轴承的规定画法和简化画法

名称和标准号	查表主要数据	画法		
		简化画法		规定画法
		通用画法	特征画法	
深沟球轴承 （GB/T 276—1994）	D d B			
圆锥滚子轴承 （GB/T 297—1994）	D d B T C			

续表

名称和标准号	查表主要数据	画法		
		简化画法		规定画法
		通用画法	特征画法	
推力球轴承 (GB/T 301—1995)	D d T	(图)	(图)	(图)

6.5 齿 轮

齿轮

齿轮是机械传动中应用最广泛的一种传动零件，它不仅能传递动力，而且能改变运动速度和方向。齿轮为常用件。齿轮的种类很多，常见的齿轮有圆柱齿轮、锥齿轮和蜗杆蜗轮。

圆柱齿轮——用于两平行轴之间的传动，如图6-28（a）所示。

锥齿轮——用于两相交轴之间的传动，如图6-28（b）所示。

蜗杆蜗轮——用于两交叉轴之间的传动，如图6-28（c）所示。

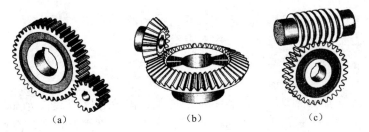

（a）　　　　　　　　（b）　　　　　　　　（c）

图6-28　齿轮传动

（a）圆柱齿轮传动；（b）圆锥齿轮传动；（c）蜗杆蜗轮传动

6.5.1 圆柱齿轮

圆柱齿轮按其齿形方向可分为直齿、斜齿和人字齿等，本节主要介绍直齿圆柱齿轮。

1. 直齿圆柱齿轮各部分名称及代号（见图6-29）

（1）齿顶圆。通过齿顶的圆，其直径用d_a表示。

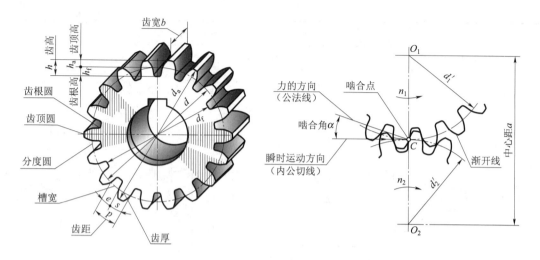

图 6-29 直齿圆柱齿轮各部分名称及代号

(2) 齿根圆。通过齿根的圆，其直径用 d_f 表示。

(3) 分度圆。设计和加工时，计算尺寸的基准圆。它位于齿顶圆和齿根圆之间，是一个约定的假想圆，其直径用 d 表示。

(4) 节圆。两圆柱齿轮啮合时，位于连心线 O_1O_2 上两齿廓的接触点 C 为节点，分别以 O_1、O_2 为圆心，以 O_1C、O_2C 为半径所作的两个相切的圆，称为节圆，其直径用 d' 表示。标准齿轮中，节圆即分度圆，即 $d'=d$。

(5) 齿距。分度圆上相邻两齿对应两点的弧长，用 P 表示。分度圆上轮齿的弧长称为齿厚，用 s 表示；两轮齿之间的弧长称为槽宽，用 e 表示，$P=s+e$。标准齿轮中，$s=e$。

(6) 齿高。齿顶圆与齿根圆之间的径向距离，用 h 表示。齿顶圆与分度圆之间的径向距离称为齿顶高，用 h_a 表示。齿根圆与分度圆之间的径向距离称为齿根高，用 h_f 表示。$h=h_a+h_f$。

(7) 中心距。两啮合齿轮轴线之间的距离，用 a 表示。

(8) 齿宽。齿轮轮齿的轴向宽度，用 b 表示。

2. 直齿圆柱齿轮的基本参数

(1) 齿数。一个齿轮的轮齿总数，用 z 表示。

(2) 模数。齿轮有多少个齿，就有多少个齿距，齿轮分度圆周长为 $\pi d=zP$，则分度圆直径 $d=(P/\pi)z$，式中 P/π 称为齿轮的模数，用 m 表示，单位为 mm，此时 $d=mz$。

相互啮合的一对齿轮，其齿距相等，由于 $P=m\pi$，因此模数也相等。当模数发生变化时，齿高 h 和齿距 P 也随之发生变化，模数 m 越大，轮齿就越大，齿轮的承载能力也越大。由此可见，齿轮模数是表征齿轮轮齿大小的重要参数，是计算齿轮主要尺寸的一个基本依据。

为了减少加工齿轮刀具的数量，GB/T 1357—2008 对齿轮的模数作了统一规定，见表 6-9。

表 6-9　标准模数（摘自 GB/T 1357—2008）　　　　　　　　　　　　　　　mm

第一系列	1，1.25，1.5，2，2.5，3，4，5，6，8，10，12，16，20，25，32，40，50
第二系列	1.75，2.25，2.75，(3.25)，3.5，(3.75)，4.5，5.5，(6.5)，7，9，(11)，14，18，22，28，36，45

注：选用模数时，应优先选用第一系列，其次是第二系列，括号内的模数尽可能不用。本表未摘录小于1的模数。

（3）压力角。压力角也称啮合角，如图6-29所示，即在节点 C 处，齿廓曲线的公法线与两节圆的公切线之间所夹的锐角，用 α 表示。我国标准齿轮的压力角为20°。

两相互啮合的齿轮，模数 m 和压力角 α 必须都相同。

3．直齿圆柱齿轮的尺寸计算

齿轮的模数 m 和齿数 z 确定后，齿轮的各部分尺寸可按表6-10所列的公式计算。

表 6-10　标准直齿圆柱齿轮各部分尺寸的计算公式

基本参数：　模数 m　齿数 z

名　称	符　号	计算公式
模数	m	$m = P/\pi$
齿顶高	h_a	$h_a = m$
齿根高	h_f	$h_f = 1.25\,m$
齿高	h	$h = h_a + h_f = 2.25\,m$
分度圆直径	d	$d = mz$
齿顶圆直径	d_a	$d_a = m(z+2)$
齿根圆直径	d_f	$d_f = m(z-2.5)$
中心距	a	$a = m(z_1+z_2)/2$

4．圆柱齿轮的规定画法

国家标准只规定了齿轮轮齿部分的画法，其余部分均按投影原理绘制。

（1）单个齿轮的规定画法。图6-30所示为单个齿轮的规定画法。

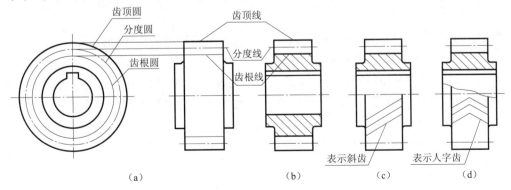

图 6-30　圆柱齿轮的规定画法

① 齿顶圆和齿顶线用粗实线绘制。
② 分度圆和分度线用细点画线绘制。
③ 齿根圆和齿根线在表示外形的两个视图中，用细实线绘制，也可省略不画，如图 6-30（a）所示。

齿轮的非圆视图通常用剖视图表示，此时轮齿部分按不剖处理，齿根线用粗实线绘制，且不能省略，如图 6-30（b）所示。

④ 若为斜齿或人字齿齿轮，非圆视图用半剖视图表示，并在非圆视图的外形部分用三条方向一致的细实线表示齿向，如图 6-30（c）和图 6-30（d）所示。

（2）两齿轮啮合的规定画法。图 6-31 所示为两齿轮啮合的规定画法。

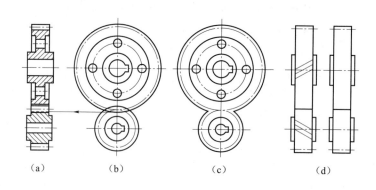

图 6-31　两齿轮啮合的规定画法

① 两个相互啮合的圆柱齿轮，在圆视图中，齿顶圆用粗实线绘制，如图 6-31（b）所示［啮合区内也可省略，如图 6-31（c）所示］；两相切的分度圆用细点画线绘制；齿根圆用细实线绘制或省略不画。

② 在反映外形的非圆视图中，啮合区分度线用粗实线绘制，齿顶线、齿根线均不画出，如图 6-31（d）所示。

③ 若非圆视图画成剖视图，则在啮合区内，两齿轮的分度线重合，用细点画线绘制；其中一个齿轮齿顶线用粗实线绘制，另一个齿轮齿顶线用细虚线绘制（也可省略）；齿根线均用粗实线绘制，如图 6-31（a）所示。

6.5.2　锥齿轮

锥齿轮的齿形有直齿、斜齿、螺旋齿和人字齿，直齿锥齿轮应用最广。

1. 直齿锥齿轮各部分名称及基本参数

由于锥齿轮的轮齿是在圆锥面上加工的，因此轮齿沿圆锥素线方向的大小不同，一端大、一端小，其模数、齿高、齿厚也随之变化。为了设计和制造方便，规定大端模数为标准模数。图 6-32 所示为锥齿轮各部分名称和代号。

标准直齿锥齿轮各部分的名称及基本尺寸的计算见表 6-11。

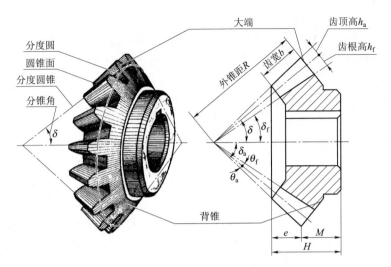

图 6-32 锥齿轮各部分名称及代号

表 6-11 标准直齿锥齿轮的各部分的名称及基本尺寸的计算

序号	名称	符号	计算公式及参考的选择
1	模数	m	按 GB/T 12368—1990 取标准值
2	传动比	i	$i=\dfrac{z_2}{z_1}=\tan\delta_2=\cot\delta_1$
3	分度圆锥角	δ_1,δ_2	$\delta_2=\arctan\dfrac{z_2}{z_1}$, $\delta_1=90°-\delta_2$
4	分度圆直角	d_1,d_2	$d_1=mz_1$, $d_2=mz_2$
5	齿顶高	h_a	$h_a=m$
6	齿根高	h_f	$h_f=1.2m$
7	全齿高	h	$h=2.2m$
8	顶隙	c	$c=0.2m$
9	齿顶圆直径	d_{a1},d_{a2}	$d_{a1}=d_1+2m\cos\delta_1$, $d_{a2}=d_2+2m\cos\delta_2$
10	齿根圆直径	d_{f1},d_{f2}	$d_{f1}=d_1-2.4m\cos\delta_1$, $d_{f2}=d_2-2.4m\cos\delta_2$
11	锥距	R	$R=\dfrac{m}{2}\sqrt{z_1^2+z_2^2}$
12	齿宽	b	$b=(0.2\sim 0.3)R$
13	齿顶角	θ_a	$\theta_a=\arctan\dfrac{h_a}{R}$
14	齿根角	θ_f	$\theta_f=\arctan\dfrac{h_f}{R}$
15	根锥角	δ_f	$\delta_f=\delta-\theta_f$
16	顶锥角	δ_a	$\delta_a=\delta+\theta_a$

2. 直齿锥齿轮的规定画法

(1) 单个锥齿轮的规定画法。图6-33所示为单个锥齿轮的规定画法。

① 主视图采用剖视图，轮齿按不剖处理。齿顶线和齿根线用粗实线绘制，分度线用细点画线绘制。

② 在左视图中，大、小两端齿顶圆用粗实线绘制，大端分度圆用细点画线绘制，大、小两端齿根圆及小端分度圆不必画出。

(2) 锥齿轮啮合的规定画法。图6-34所示为锥齿轮啮合的规定画法。

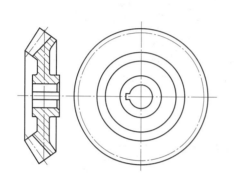 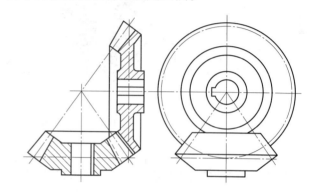

图6-33 单个锥齿轮的规定画法　　　　图6-34 锥齿轮啮合的规定画法

6.5.3 蜗杆蜗轮

蜗杆蜗轮常用于垂直交叉两轴之间的传动，一般蜗杆是主动件，蜗轮是从动件。蜗杆蜗轮传动具有结构紧凑、传动比大的优点，但摩擦大，发热多，效率低。

蜗杆齿廓的轴向剖面与梯形螺纹相似，其齿数又称头数，相当于螺纹的线数，常用单头或双头蜗杆。若蜗杆为单头，则蜗杆转一圈，蜗轮只转过一个齿。

蜗杆的画法如图6-35所示。

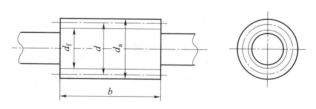

图6-35 蜗杆的画法

蜗轮的画法如图6-36所示。

蜗杆、蜗轮啮合的画法如图6-37所示。

在外形画法中，蜗杆投影为圆的视图上，啮合区只画蜗杆，蜗轮被遮挡部分省略不画。在蜗轮投影为圆的视图上，蜗杆和蜗轮按各自的规定画法绘制，啮合区蜗杆分度线与蜗轮的分度圆相切。

在剖视图中，蜗杆投影为圆的视图上，蜗轮在啮合区被遮挡部分的虚线可省略不画；蜗轮投影为圆的视图上，啮合区的齿顶圆和齿顶线可省略不画。

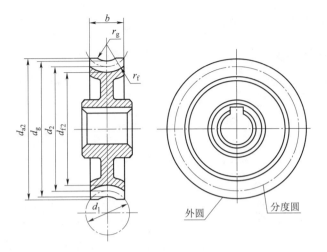

图 6-36 蜗轮的画法

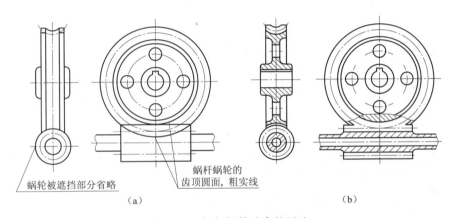

（a）　　　　　　　　　　　　　　（b）

图 6-37 蜗杆蜗轮啮合的画法
（a）外形视图；（b）剖视画法

6.6 弹　　簧

弹簧是机械设备和仪器仪表中应用很广的常用件，主要起减震、夹紧、测力、储能等作用。弹簧的特点是，去除外力后能立即恢复原状。弹簧的种类很多，有圆柱螺旋弹簧、板弹簧和涡卷弹簧等，其中圆柱螺旋弹簧最为常用。按受力情况，圆柱螺旋弹簧可分为压缩弹簧、拉伸弹簧、扭转弹簧，如图 6-38 所示。本节主要介绍圆柱螺旋压缩弹簧。

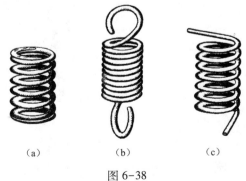

（a）　　（b）　　（c）

图 6-38
（a）压缩弹簧；（b）拉伸弹簧；（c）扭转弹簧

6.6.1 圆柱螺旋压缩弹簧各部分的名称及尺寸计算

圆柱螺旋压缩弹簧各部分的名称及尺寸计算如图6-39所示。

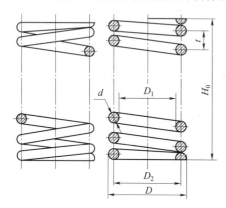

图6-39 圆柱螺旋弹簧的尺寸

(1) 簧丝直径 d：制造弹簧的钢丝直径。

(2) 弹簧直径：

① 弹簧外径 D：弹簧的最大直径。

② 弹簧内径 D_1：弹簧的最小直径，$D_1 = D - 2d$。

③ 弹簧中径 D_2：弹簧的平均直径，$D_2 = (D + D_1)/2$。

(3) 支承圈数 n_2、有效圈数 n 和总圈数 n_1：支承圈数为两端并紧磨平的圈数，一般为1.5、2和2.5；有效圈数是中间相等节距的圈数；总圈数为支承圈数与有效圈数之和，即 $n_1 = n + n_2$。

(4) 节距 t：除两端支承圈外，相邻两圈的轴向距离。

(5) 自由高度 H_0：没有外力作用时弹簧的高度，即
$$H_0 = nt + (n_2 - 0.5)d$$

(6) 展开长度 L：制造弹簧时所需钢丝坯料的长度，螺旋线展开后，近似按下式计算，即
$$L = \pi D n_1$$

(7) 旋向：螺旋弹簧分右旋和左旋两种，没有专门规定时制成右旋（RH）和左旋（LH）均可，一般为右旋。

6.6.2 圆柱螺旋压缩弹簧的规定画法

圆柱螺旋压缩弹簧可画成视图、剖视图或示意图，如图6-40所示。

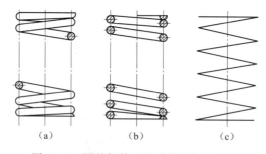

图6-40 圆柱螺旋压缩弹簧的规定画法
(a) 视图；(b) 剖视图；(c) 示意图

画图时，应注意以下几点：

(1) 圆柱螺旋压缩弹簧在平行于轴线投影面的视图中，各圈的轮廓形状应画成直线。

(2) 圆柱螺旋压缩弹簧均可画成右旋，对于左旋圆柱螺旋压缩弹簧，不论画成左旋还是右旋，一律要注出"LH"字样。

(3) 有效圈数在 4 圈以上的圆柱螺旋压缩弹簧，允许每端只画两圈（不包括支承圈），中间部分可省略不画，省略后，可适当缩短图形的长度。

(4) 圆柱螺旋压缩弹簧如要求两端并紧并磨平时，不论支承圈的圈数为多少以及末端贴近情况如何，均按图 6-41 所示绘制。

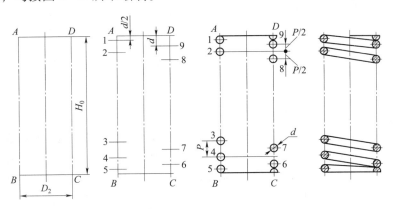

图 6-41　圆柱螺旋压缩弹簧的绘图步骤

(5) 在装配图中，弹簧中间各圈采用省略画法后，弹簧后面被挡住的零件轮廓不必画出，如图 6-42 所示。

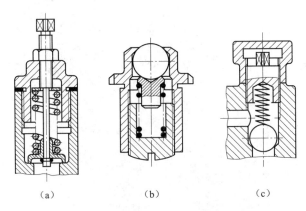

图 6-42　装配图中弹簧的规定画法

第 7 章　零件图

任何机器或部件，都是由若干零件按一定的装配关系和技术要求装配而成的。表示零件的结构、大小及技术要求的图样，称为零件图。如图 7-1 所示的齿轮油泵是供油系统中的一个部件，它是由一般零件（轴、泵体、泵盖等）、传动零件（主动齿轮、从动齿轮）和标准件（螺钉、螺母、垫圈等）装配起来的。制造机器或部件必须依照零件图中的材料备料，按照零件图的图形、尺寸和技术要求制造，然后按技术要求检验加工的零件是否达到规定的质量标准。由此可见，零件图是指导零件生产和检验的技术文件。

图 7-1　齿轮油泵轴测装配图

7.1　零件图的内容

图 7-2 所示为齿轮油泵左端盖的零件图。零件图是设计部门提交给生产部门的重要技术文件，它反映了设计者的意图，表达了机器或部件对零件的要求，因此一张完整的零件图应包括以下内容。

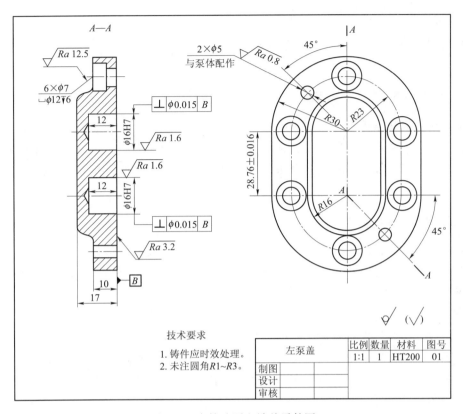

图 7-2 齿轮油泵左端盖零件图

1. 一组图形

用适当的视图、剖视图、断面图、局部放大图和简化画法等机件的图样画法，将零件的各部分结构形状表达出来。

2. 完整的尺寸标注

正确、完整、清晰、合理地标注出组成零件各形体的大小及相对位置尺寸，即提供制造和检验零件所需的全部尺寸。

3. 技术要求

用国家标准规定的代号、数字、字母或另加文字注解，简明、准确地给出零件在制造、检验或使用时应达到的各项技术指标。如图 7-2 中注出的表面结构 $Ra1.6$、尺寸公差 $\phi16H7$ 和其他文字说明等。

4. 标题栏

标题栏在图样的右下角，用以填写零件的名称、数量、材料、比例、图号及设计、审核、批准人员的签名和日期等。

7.2 零件图的表达方案

零件图表达方案的选择，就是在考虑便于看图的前提下，确定一组图形把零件的结构形状完整、清晰地表达出来，力求绘图方便。选择零件图的表达方案包括：

（1）分析零件结构形状。
（2）选择主视图。
（3）选择其他视图。

7.2.1 分析零件的结构形状

零件的结构形状是由它在机器中的作用、装配关系和制造方法等因素决定的。零件的结构形状及工作位置或加工位置不同，视图选择往往也不同。因此，在选择零件的视图之前，应首先对零件进行形体分析和结构分析，并了解零件的工作和加工情况，以便确切地表达零件的结构形状，反映零件的设计和工艺要求。

7.2.2 主视图的选择

主视图是一组图形的核心，其选择是否正确、合理，将直接影响零件的结构形状表达，以及其他视图的数量和位置的确定，进而影响画图和读图。选择主视图时一般应遵循以下原则。

1. 加工位置原则

加工位置是指零件在机械加工时的装夹位置。主视图应尽量表示出零件在机床上加工时所处的位置，这样在加工时可以直接进行图物对照，便于看图和测量尺寸，减少差错。如轴套类零件的加工，大部分工序是在车床或磨床上进行的，因此，一般将其轴线水平放置画出主视图，如图 7-3 所示。

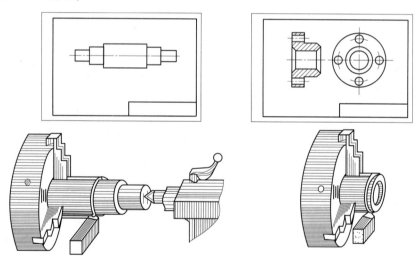

图 7-3　轴套类零件主视图的选择

2. 工作位置原则

主视图应尽量表示零件在机器上的工作位置和安装位置。如图 7-2 所示的左泵盖和图 7-4 所示的吊钩，主视图就是根据它们的工作位置、安装位置及尽量多反映其形状特征的原则选定的。

3. 结构形状特征原则

主视图应尽量多地反映零件的结构形状特征。如图 7-5 所示的支座，选择 K 方向为主视图的方向，与 Q、R 方向相比，能较多地反映支座各部分的形状、大小及相对位置关系。

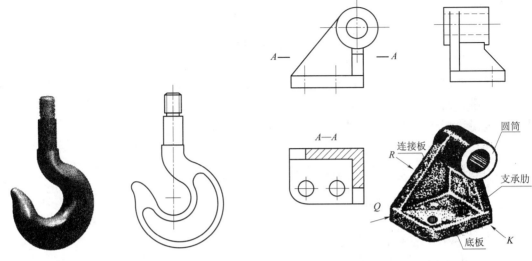

图 7-4 吊钩的工作位置　　　　　图 7-5 支座主视图的选择

实际零件的结构形状千差万别，在选择主视图时，上述三项原则有时不能同时满足，此时应优先考虑加工位置原则，兼顾结构形状特征原则，如轴套类、多数轮盘类零件的主要结构是同轴回转体，机械加工大多数是在车床上进行，考虑加工位置原则，将轴线水平方向确定为主视方向。其次考虑工作位置和安装位置原则，如叉架类、箱体类零件，结构较复杂，加工的装夹位置随工序的不同而改变，选择主视图时一般考虑工作位置和安装位置原则。

有些零件加工工序复杂，其工作位置是倾斜的，对这类零件，应主要考虑结构形状特征原则，并将零件放正，作为主视方向。

7.2.3 其他视图的选择

主视图确定后，应运用形体分析法对零件的各个组成部分逐一进行分析，对主视图未表达清楚的部分，再选其他视图完善其表达，一般应遵循以下原则。

1. 视图的数量要适当

各个视图所表达的内容应具有独立的存在意义及明确的表达重点，避免不必要的细节重复，且在零件表达清楚的前提下，视图的数量应选择最少。

2. 表达方法要恰当

优先选用基本视图，当有内部结构时，尽量少用细虚线，可选用全剖视图、半剖视图或在基本视图上作局部剖视。对尚未表达清楚的局部结构和倾斜部分可增加局部视图、斜视图和局部放大图来表达，先表达零件的主要部分（较大的结构），后表达零件的次要部分（较小的结构）。

3. 考虑是否可以省略、简化或取舍一些视图

对总体方案做进一步的修改，每增加一个视图都应有存在的意义。同时合理布置各个视图，既能充分利用图幅，又清晰简洁，便于看图。

总之，选择零件图表达方案的能力，只有通过大量的看图、画图，并在积累实践经验的基础上才能提高。

7.3 零件图的尺寸标注

零件图的尺寸标注是零件图中的主要内容之一，零件各个部分的大小是按照图样上所标注的尺寸进行制造和检验的。除了要符合前面所述的尺寸完整、清晰及国家标准规定之外，本节主要讨论标注尺寸的合理性，即符合设计和制造要求。

为能合理地标注尺寸，必须了解零件的作用、在机器中的装配位置及采用的加工方法等，从而选择恰当的尺寸基准，并结合具体情况合理地标注尺寸。

7.3.1 合理选择尺寸基准

1. 尺寸基准的概念

尺寸基准是标注尺寸的起点，是指零件装配到机器上或加工测量时，用以确定其位置的一些面、线和点。一般作为基准的面和线是：

（1）零件结构中的对称面；
（2）零件的主要支撑面和装配面；
（3）零件的主要加工面；
（4）零件上主要回转面的轴线。

2. 尺寸基准的分类

根据作用不同，基准可分为设计基准和工艺基准。

（1）设计基准。根据机器的构造特点及对零件的设计要求而选定的基准，称为设计基准。如图7-6（a）所示，齿轮轴的轴线与右轴肩分别为径向和轴向的设计基准。

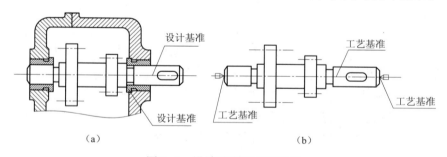

图7-6 设计基准和工艺基准

（2）工艺基准。为便于加工和测量而选定的基准，称为工艺基准。如图7-6（b）所示，加工和测量时是以轴线与左右端面分别作为径向和轴向的基准，因此，该零件的轴线和左右端面为工艺基准。

标注尺寸时，应尽可能使设计基准和工艺基准一致，当两者不一致时，应以保证设计要求为主，将重要尺寸从设计基准注出，次要尺寸从工艺基准注出，以便加工和测量。此外，还应明确，零件都有长、宽、高三个方向的尺寸，每个方向至少要有一个基准。当同一方向具有多个基准时，其中必定有一个是主要的，称为主要基准，其余的则为辅助基准，主要基准和辅助基准之间必须直接有尺寸联系，如图 7-7 中的尺寸"8"。

7.3.2 尺寸标注的基本要求

1. 重要尺寸必须直接注出

重要尺寸是指直接影响零件的装配精度和使用性能的尺寸，如：规格性能尺寸、联系尺寸、配合尺寸和安装尺寸等。如图 7-7 中底板上孔的中心距 40。

2. 避免注成封闭的尺寸链

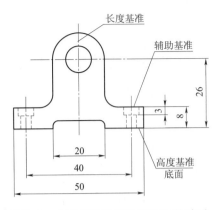

图 7-7　主要基准和辅助基准间的关系

封闭的尺寸链是首尾相接，形成一个封闭圈的一组尺寸，如图 7-8（a）所示。如按这种方式标注尺寸，轴上各段尺寸可以得到保证，而总长尺寸则可能得不到保证。因为各段加工不可能绝对准确，总有一定的误差，而各段尺寸误差的和不可能等于总体尺寸的误差。为此，在标注尺寸时，常将次要的轴段尺寸空出不注（称为开口环），如图 7-8（b）所示。这样，其他轴段的加工误差都积累到这个不要求检查的尺寸上，而总长和主要轴段尺寸则因此得到保证。如需标注开口环的尺寸，则可将其注成参考尺寸，如图 7-8（c）所示。

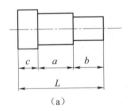　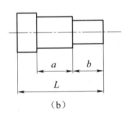　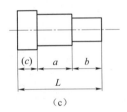

（a）　　　　　　　　　　　（b）　　　　　　　　　　　（c）

图 7-8　避免注成封闭的尺寸链

3. 所注尺寸应符合工艺要求

（1）按加工顺序标注尺寸。加工零件时有一定的先后顺序，标注尺寸应尽量与加工工序一致，以便于加工和测量，也有利于保证尺寸精度。如图 7-9 所示。

（2）阶梯孔的尺寸注法和阶梯轴的尺寸注法相似，主要考虑它的加工顺序（孔由小径到大径依次加工）和测量方便。如图 7-10 所示。

（3）按加工要求标注尺寸。如图 7-11（a）所示，退刀槽的尺寸是由切槽刀的宽度决定的，应将该尺寸单独注出。如图 7-11（b）所示的标注不合理。

（4）不同工种的加工尺寸应尽量分开标注。如图 7-12 所示，齿轮轴的键槽是在铣床上加工的，键槽尺寸标注在图的上方，车削加工的各段长度尺寸标注在下方，以方便看图。

（5）按测量要求标注尺寸。尺寸标注要考虑所注尺寸是否便于测量，如图 7-13 所示的结构，在两种不同标注方案中，不便于测量的标注方案是不合理的。图 7-13（a）中（1）标注的不合理尺寸，其几何中心是无法进行实际测量的；在图 7-13（b）（1）中，当阶梯孔中小孔的直径较小时，则不便于孔深的测量。

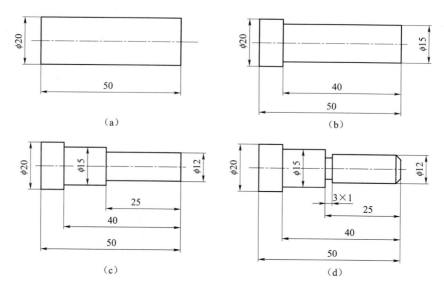

图 7-9　按加工顺序标注尺寸

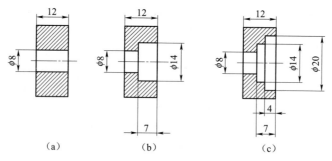

图 7-10　阶梯孔的加工顺序和尺寸标注
（a）加工 $\phi8$；（b）加工 $\phi14$；（c）加工 $\phi20$

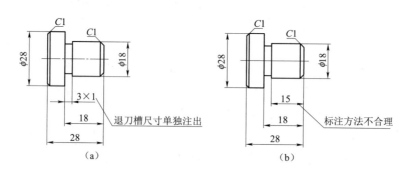

图 7-11　退刀槽的尺寸标注

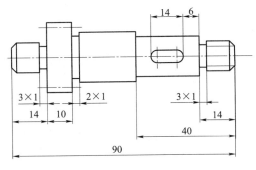

图 7-12 按加工方法标注尺寸

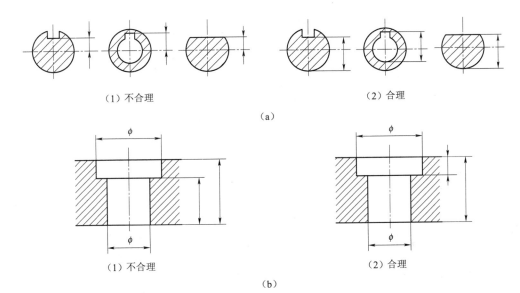

图 7-13 按测量方法标注尺寸

7.3.3 零件上常见结构的尺寸标注

零件上常见结构的尺寸标注见表 7-1。

表 7-1 零件图中常见结构的尺寸标注

类型	普通注法	旁注法		说明
光孔	4×φ4H7 深10 深12	4×φ4H7▼10 ▼12	4×φ4H7▼10 ▼12	钻孔深度为 12 mm，精加工孔（铰孔）深度为 10 mm
	该孔无普通注法。注意：φ4 是指与其相配的圆锥销的公称直径（小端直径）	锥销孔φ4 配作	锥销孔φ4 配作	"配作"是指该孔与相邻零件的同位锥销孔一起加工

续表

类型	普通注法	旁注法		说明
锪孔	φ13, 4×φ6.6	4×φ6.6 ⌴φ13	4×φ6.6 ⌴φ13	"⌴"为锪平、沉孔符号。锪孔通常只需锪出圆平面即可，因此沉孔深度一般不注
沉孔	90°, φ13, 6×φ6.6	6×φ6.6 ⌵φ13×90°	6×φ6.6 ⌵φ13×90°	"⌵"为埋头孔符号。该孔为安装开槽沉头螺钉所用
沉孔	φ11, 6.8, 4×φ6.6	4×φ6.6 ⌴φ11▼6.8	4×φ6.6 ⌴φ11▼6.8	该孔为安装内六角圆柱头螺钉所用，承装头部的孔深应注出
螺纹孔	3×M6-6H EQS, 10, 12	3×M6-6H▼10 孔▼12	3×M6-6H▼10 孔▼12 EQS	"EQS"为均布孔的缩写词
螺纹孔	3×M6-6H EQS	3×M6-6H	3×M6-6H EQS	
螺纹孔	3×M6-6H EQS, 10	3×M6-6H▼10	3×M6-6H▼10 EQS	

7.4 零件图的技术要求

零件图上的技术要求主要是指零件尺寸精度和几何精度方面的要求，如零件的表面结构、极限与配合、几何公差等，还包括对材料的热处理要求以及铸造圆角、未注圆角、倒角等。

7.4.1 零件的表面结构

1. 零件表面结构的基本概念

零件在加工过程中，一般受所用刀具、加工方法、刀具与零件间的运动、摩擦、机床的振动及零件的塑性变形等因素影响，表面会具有较小间距的峰和谷所组成的微观几何形状特征，称为表面结构，如图 7-14 所示。

表面结构是评定零件表面质量的一项重要技术指标，对于零件的配合、耐磨性、抗腐蚀性以及密封性都有显著的影响，所以表面结构是零件图中必不可少的一项技术要求。

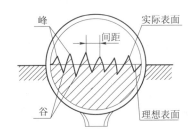

图 7-14 显微镜放大后的零件表面结构示意图

2. 表面结构的评定参数

表面结构的评定参数有轮廓算术平均偏差 Ra 和轮廓最大高度 Rz 等，常用的主要评定参数是 Ra。

（1）轮廓算数平均偏差。在取样长度 lr 内，纵坐标值 $Y(x)$ 绝对值的算术平均值即轮廓算数平均偏差，如图 7-15 所示，其值为

$$Ra = \frac{1}{lr} \int_0^{lr} |Y(x)| \, dx$$

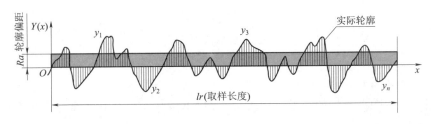

图 7-15 轮廓算术平均偏差

（2）轮廓最大高度 Rz。在一个取样长度内，最大轮廓峰高 Zp 和最大轮廓谷深 Zv 之和为轮廓最大高度，如图 7-16 所示。

由于 Ra 值作为表征参数应用最为广泛，所以本节重点介绍 Ra 的注法。一般来说，凡是零件上有配合要求或有相对运动的表面，Ra 值要小。Ra 值越小，表面质量要求越高，其表面耐腐蚀、耐磨性和抗疲劳等能力越强，加工成本也越高。因此，在满足使用要求的前提下，还要考虑加工的工艺性。国家标准对 Ra 的数值作了规定，常用 Ra 与加工方法的关系见表 7-2。

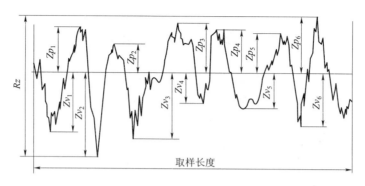

图 7-16 轮廓最大高度 Rz

表 7-2 常用 Ra 与加工方法的关系

表面特征		示　例	加工方法	适用范围
加工面	粗加工面	$\sqrt{Ra\,100}$ $\sqrt{Ra\,50}$ $\sqrt{Ra\,25}$	粗车、粗铣、粗刨、粗镗、钻、锉	非接触表面，如钻孔、倒角、轴端面等
	半光面	$\sqrt{Ra\,12.5}$ $\sqrt{Ra\,6.3}$ $\sqrt{Ra\,3.2}$	精车、精铣、精刨、精镗、精磨、细锉、扩孔、粗铰	接触表面，不要求精确定心的配合表面
	光面	$\sqrt{Ra\,1.6}$ $\sqrt{Ra\,0.8}$ $\sqrt{Ra\,0.4}$	精车、精磨、刮、研、抛光、铰、拉削	要求精确定心的重要配合表面
	最光面	$\sqrt{Ra\,0.2}$ $\sqrt{Ra\,0.1}$ $\sqrt{Ra\,0.05}$ $\sqrt{Ra\,0.025}$ $\sqrt{Ra\,0.012}$	研磨、超精磨、镜面磨、精抛光	高精度、高速运动零件的配合表面，重要的装饰面
毛坯面		$\sqrt{}$	铸、锻、轧制等，经表面清理	无须进行加工的表面

3. 表面结构的图形符号

（1）表面结构图形符号的类型。国家标准（GB/T 131—2006）规定的表面结构的图形符号及说明见表 7-3。

表 7-3 表面结构的图形符号及说明

类型	符号	说　明
基本图形符号	$\sqrt{}$	表示表面可用任何方法获得，当不加注粗糙度参数值或有关说明时，仅适于简化代号标注
扩展图形符号	$\sqrt{}$	表示表面用去除材料的方法获得，如车、铣、钻、磨、剪切、抛光等，可称为加工符号

续表

类型	符号	说　明
扩展图形符号		表示表面用不去除材料的方法获得，如铸、锻、冲压、热轧、冷轧、粉末冶金等，可称为毛坯符号
完整图形符号		在基本或扩展图形符号右上方加一横线，用于标注有关参数和说明

(2) 表面结构完整图形符号的组成。

如图 7-17 所示，a—注写表面结构的单一要求；b—注写两个或多个表面结构要求；c—注写加工方法；d—加工纹理方向符号；e—加工余量（mm）。

(3) 表面结构图形符号的画法及有关规定。

表面结构图形符号的画法如图 7-18 所示，图形符号及附加标注尺寸见表 7-4。

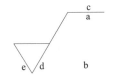

图 7-17　表面结构完整图形符号的组成

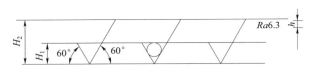

图 7-18　表面结构图形符号的画法

表 7-4　表面结构图形符号及附加标注的尺寸　　　　　　　　　　　　　mm

数字和字母的高度 h	2.5	3.5	5	7	10	14	20
符号线宽 d'	0.25	0.35	0.5	0.7	1	1.4	2
字母线宽 d	0.25	0.35	0.5	0.7	1	1.4	2
高度 H_1	3.5	5	7	10	14	20	28
高度 H_2（最小值）	7.5	10.5	15	21	30	42	60

4. 表面结构在图样中的标注方法

(1) 图样上所注的表面结构符号，是该表面完工后的要求。其标注规则如下：

① 在同一图样上，每一表面一般只标注一次符号，并尽可能标注在相应的尺寸及其公差的同一视图上。

② 表面结构符号应标注在可见轮廓线、尺寸线、尺寸界线或其延长线上。若位置不够，则可引出标注。

③ 符号的尖端必须与所标注的表面（或指引线）相接触，并且必须从材料外指向被标注表面。

④ 表面结构要求在图样中的注写和读取方向应与尺寸的注写和读取方向一致，如图 7-19 所示。

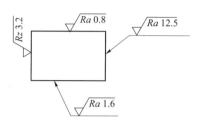

图 7-19 表面结构要求的注写方向

（2）表面结构要求的标注。表面结构要求在图样中的标注位置和方向见表 7-5。

表 7-5 表面结构要求在图样中的标注位置和方向

标注位置	标注图例	说明
标注在轮廓线或其延长线上	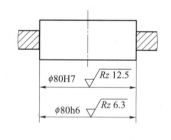	其符号应从材料外指向并接触表面或其延长线，或用箭头指向表面或其延长线，必要时可以用黑点或箭头引出标注。注意：上表面和左侧表面，表面结构符号直接与轮廓线或其延长线接触；下表面和右侧表面，需标注在引线上
标注在特征尺寸的尺寸线上	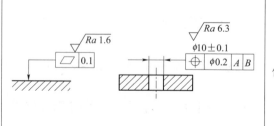	在不至于引起误解时，表面结构要求可以标注在给定的尺寸线上
标注在形位公差框格的上方		表面结构要求可以标注在形位公差框格的上方

续表

标注位置	标注图例	说明
标注在圆柱和棱柱表面上	$Ra\ 3.2$ $Rz\ 1.6$ $Ra\ 6.3$ $Ra\ 3.2$	圆柱和棱柱表面的表面结构要求只标注一次，如果每个表面有不同的表面结构要求，则应分别标注

（3）表面结构要求的简化注法。表面结构要求的简化注法见表7-6。

表7-6 表面结构要求的简化注法

项目	标 注 图 例		说明
有相同表面结构要求的简化注法	$Rz\ 6.3$ $Rz\ 1.6$ $Ra\ 3.2$ $(\sqrt{\ })$ 注：在圆括号内给出无任何其他标注的基本符号 $Rz\ 6.3$ $Rz\ 1.6$ $Ra\ 3.2\ (\sqrt{Rz\ 1.6}\ \sqrt{Rz\ 6.3})$ 注：在圆括号内给出不同的表面结构要求		如果在工件的多数（包括全部）表面有相同的表面结构要求，则其表面结构要求可统一标注在图样的标题栏附近。此时（除全部表面有相同要求的情况外），表面结构符号的后面应有表示无任何其他标注的基本符号或不同的表面结构要求
多个表面有共同要求的注法	用带字母的完整符号标注的简化注法	z y $\sqrt{z} = \sqrt{\begin{array}{l}U\ Rz\ 1.6\\ L\ Ra\ 0.8\end{array}}$ $\sqrt{y} = \sqrt{Ra\ 3.2}$	当多个表面具有相同的表面结构要求或图纸空间有限时，可以采用简化注法

续表

项目		标 注 图 例	说明
多个表面有共同要求的注法	只用表面结构符号标注的简化注法	✓ = √Ra 3.2　　✓ = √Ra 3.2 注：未指定工艺方法的多个表面结构要求的简化注法　　注：要求去除材料的多个表面结构要求的简化注法 ✓ = √Ra 3.2 注：不允许去除材料的多个表面结构要求的简化注法	可以用图 7-17 所示的表面结构图形符号，以等式的形式给出对多个表面共同的表面结构要求

7.4.2 极限与配合

1. 极限与配合的基本概念

（1）零件的互换性。互换性是指从加工完的一批规格相同的零件中任取一件，不经选择、调整、修配就能立即装配到机器或部件上，并能保证使用要求的性质。零件具有互换性，不仅给机器的装配、维修带来了方便，而且满足了生产各部门的协作要求，为大批量的生产、流水作业提供了条件，从而缩短了生产周期，提高了劳动效率和经济效益。

（2）尺寸公差。零件在制造的过程中，由于受到机床精度、刀具磨损、测量误差和操作技能等的影响，不可能把零件加工得绝对准确，为了保证互换性，必须将零件的尺寸误差限制在一定的范围内，规定出加工尺寸的可变动量，这种规定的实际尺寸允许的变动量称为尺寸公差。公差与配合制度是实现互换性的重要基础，是零件图中不可缺少的一项技术要求。

下面结合图 7-20，说明尺寸公差的基本概念和术语。

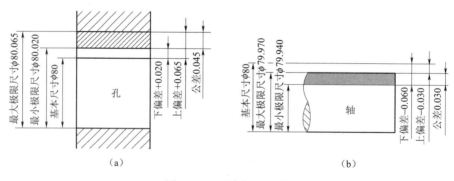

图 7-20　基本概念图解

① 基本尺寸：根据零件的强度和结构要求，设计时确定的尺寸。轴、孔的基本尺寸分别用 d、D 表示。

② 实际尺寸：通过实际测量所得的尺寸。轴、孔的实际尺寸分别用 d_a、D_a 表示。

③ 极限尺寸：允许尺寸变化的两个界限值。它是以基本尺寸为基数来确定的，两个界限值中较大的一个称为最大极限尺寸，较小的一个称为最小极限尺寸。轴的极限尺寸：最大

极限尺寸为 d_{max},最小极限尺寸为 d_{min};孔的极限尺寸:最大极限尺寸为 D_{max},最小极限尺寸为 D_{min}。

④ 尺寸偏差(简称偏差):某一尺寸(实际尺寸或极限尺寸)减去基本尺寸所得的代数差,偏差可以为正、负或零。

上偏差:最大极限尺寸减去基本尺寸所得的代数差(轴的上偏差用 es 表示,es=$d_{max}-d$;孔的上偏差用 ES 表示,ES=$D_{max}-D$)。

下偏差:最小极限尺寸减去基本尺寸所得的代数差(轴的下偏差用 ei 表示,ei=$d_{min}-d$;孔的下偏差用 EI 表示,EI=$D_{min}-D$)。

上偏差与下偏差统称为极限偏差。

⑤ 尺寸公差(简称公差):允许尺寸的变动量。

尺寸公差等于最大极限尺寸减去最小极限尺寸,也等于上偏差减去下偏差。尺寸公差值一定为正值。

(3)公差带。公差带是由代表上、下偏差的两条直线所限定的一个区域,为了简便说明上述术语及其相互关系,在实际应用时一般以公差带图表示。如图 7-21 所示,孔公差带中间斜线左下右上,且间距较大;轴公差带中间斜线左上右下,且间距较小。

图 7-21 中零线为:用以确定偏差的一条基准直线,即零偏差线,通常零线表示基本尺寸,以其为基准确定偏差和公差。

公差带图中,公差带的大小由标准公差确定,公差带相对零线的位置由基本偏差确定。

① 标准公差:国家标准(GB/T 1800.4—1999)所列的用以确定公差带大小的任一公差。标准公差分为 20 级,即:IT01、IT0、IT1、…、IT18。其中 IT 表

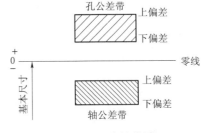

图 7-21 公差带图

示标准公差,阿拉伯数字表示公差等级,从 IT01 到 IT18 等级依次降低。对于一定的基本尺寸,公差等级越高,标准公差值越小,尺寸的精确度越高。各级标准公差的数值见附表 5-1(标准公差等级 IT01、IT0 在工业中很少用到,所以在表中没有列出该两个公差等级的标准公差值)。

② 基本偏差:国家标准(GB/T 1800.3—1998)中规定,用以确定公差带相对于零线位置的上偏差或下偏差,一般为靠近零线的那个偏差。当公差带位于零线上方时,其基本偏差为下偏差;当公差带位于零线下方时,其基本偏差为上偏差。

基本偏差可使公差带位置标准化。为了使孔、轴实现不同性质和不同松紧程度的配合,需要有一系列不同的公差带位置。国家标准对不同基本尺寸的孔和轴各规定了 28 个公差带位置,分别由 28 个基本偏差来确定。基本偏差的代号用拉丁字母表示,大写字母为孔的基本偏差代号,小写字母为轴的基本偏差代号。

孔的基本偏差代号为 A、B、C、…、ZA、ZB、ZC,轴的基本偏差代号为 a、b、c、…、za、zb、zc。基本偏差系列如图 7-22 所示。

孔的基本偏差中 A~H 为下偏差,J~ZC 为上偏差;轴的基本偏差中 a~h 为上偏差,j~zc 为下偏差;JS 和 js 的公差带均匀地分布在零线两边,孔和轴的上、下偏差分别为+IT/2 和-IT/2。

基本偏差只表示公差带在公差带图中的位置,而不表示公差带大小,因此,公差带一端是开口的,开口的一端由标准公差限定。

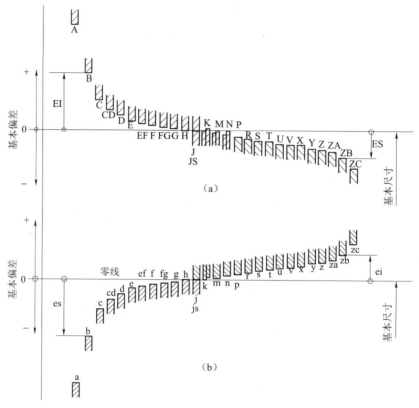

图 7-22 基本偏差系列
（a）孔的公差带；（b）轴的公差带

③ 公差带代号及查表。孔、轴的尺寸公差可用基本偏差代号与公差等级数字组成公差带代号。例如 $\phi50H8$ 中，$\phi50$ 表示孔的基本尺寸，H8 表示孔的公差带代号，其中 H 表示孔的基本偏差代号，7 表示公差等级代号；$\phi50h6$ 中，$\phi50$ 表示轴的基本尺寸，h6 指轴的公差带代号，其中 h 指轴的基本偏差代号，6 指公差等级代号。

查表：

例如：确定 $\phi50H7$ 的上下偏差：H7 为孔公差带代号，查孔的基本偏差（附表 5-3），在基本尺寸 40~50 mm 横行与基本偏差代号 H 的纵列中找到下偏差 EI=0；再查标准公差表（附表 5-1），在基本尺寸 30~50 mm 横行和标准公差等级 IT7 的纵列中找到标准公差值 25 μm，换算成 0.025 mm，上偏差 ES=EI+IT=0+0.025=+0.025（mm）。因此 $\phi50H7$ 即为 $\phi50^{+0.025}_{0}$。自行练习查表确定 $\phi50h6$ 的上、下偏差（提示：查轴的基本偏差附表 5-2）。

(4) 配合与配合制度。

① 配合。通常孔和轴要装配到一起，由于使用要求不同，故它们之间的接合松紧不一，但它们的基本尺寸是相同的。这种在机器装配中，基本尺寸相同的相互接合的孔和轴公差带之间的关系，称为配合。孔和轴配合时，由于它们的实际尺寸不同而产生间隙或过盈。孔的尺寸减去轴的尺寸所得的代数差为正值时称为间隙，为负值时称为过盈。按其出现间隙或过盈的不同，配合可分为三类：

间隙配合：具有间隙（包括最小间隙等于零）的配合。此时，孔公差带在轴公差带之上，如图 7-23 所示。

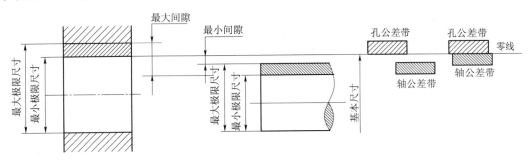

图 7-23　间隙配合

过盈配合：具有过盈（包括最小过盈等于零）的配合。此时，孔公差带在轴公差带之下，如图 7-24 所示。

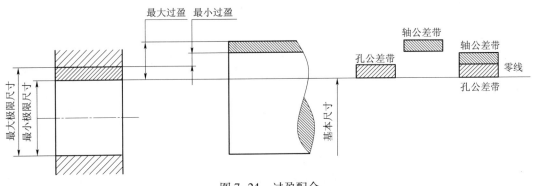

图 7-24　过盈配合

过渡配合：可能具有间隙或过盈的配合。此时，孔公差带与轴公差带相互交叠，如图 7-25 所示。

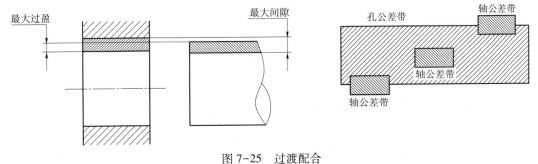

图 7-25　过渡配合

② 配合制度。国家标准规定，配合制度有基孔制和基轴制两种。

基孔制：基本偏差为一定的孔公差带，与不同基本偏差的轴公差带形成各种配合的一种制度。在这种制度中的孔称为基准孔，代号为"H"。它的基本偏差为下偏差，其值为零。通过变动轴的公差带位置，可得到各种不同的配合。如图 7-26 所示。

基轴制：基本偏差为一定的轴公差带，与不同基本偏差的孔公差带形成各种配合的一种制度。在这种制度中的轴称为基准轴，代号为"h"。它的基本偏差为上偏差，其值为零。

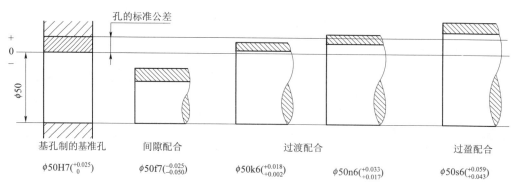

图 7-26 基孔制配合制度

通过变动孔的公差带的位置，可得到各种不同的配合。如图 7-27 所示。

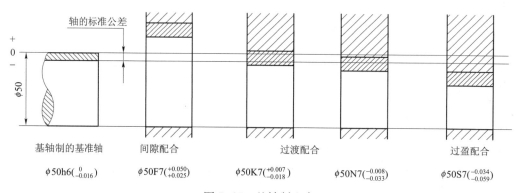

图 7-27 基轴制配合

表 7-7 所示为基孔制优先、常用的配合，表 7-8 所示为基轴制优先、常用的配合。

表 7-7 基孔制优先、常用的配合

基准孔	轴																			
	a	b	c	d	e	f	g	h	js	k	m	n	p	r	s	t	u	v	x	y	z
	间隙配合								过渡配合				过盈配合							
H6					$\frac{H6}{e5}$	$\frac{H6}{f5}$	$\frac{H6}{g5}$	$\frac{H6}{h5}$	$\frac{H6}{js5}$	$\frac{H6}{k5}$	$\frac{H6}{m5}$	$\frac{H6}{n5}$	$\frac{H6}{p5}$	$\frac{H6}{r5}$	$\frac{H6}{s5}$	$\frac{H6}{t5}$					
H7					$\frac{H7}{f6}$	$\frac{H7}{g6}$	$\frac{H7}{h6}$	$\frac{H7}{js6}$	$\frac{H7}{k6}$	$\frac{H7}{m6}$	$\frac{H7}{n6}$	$\frac{H7}{p6}$	$\frac{H7}{r6}$	$\frac{H7}{s6}$	$\frac{H7}{t6}$	$\frac{H7}{u6}$	$\frac{H7}{v6}$	$\frac{H7}{x6}$	$\frac{H7}{y6}$	$\frac{H7}{z6}$	
H8				$\frac{H8}{d8}$ $\frac{H8}{e8}$	$\frac{H8}{e7}$	$\frac{H8}{f7}$ $\frac{H8}{f8}$	$\frac{H8}{g7}$	$\frac{H8}{h7}$ $\frac{H8}{h8}$	$\frac{H8}{js7}$	$\frac{H8}{k7}$	$\frac{H8}{m7}$	$\frac{H8}{n7}$	$\frac{H8}{p7}$	$\frac{H8}{r7}$	$\frac{H8}{s7}$	$\frac{H8}{t7}$	$\frac{H8}{u7}$				
H9			$\frac{H9}{c9}$	$\frac{H9}{d9}$	$\frac{H9}{e9}$	$\frac{H9}{f9}$		$\frac{H9}{h9}$													
H10			$\frac{H10}{c10}$	$\frac{H10}{d10}$				$\frac{H10}{h10}$													

续表

基准孔	轴																				
	a	b	c	d	e	f	g	h	js	k	m	n	p	r	s	t	u	v	x	y	z
	间隙配合								过渡配合				过盈配合								
H11	$\dfrac{H11}{a11}$	$\dfrac{H11}{b11}$	▼$\dfrac{H11}{c11}$	$\dfrac{H11}{d11}$				▼$\dfrac{H11}{h11}$												
H12		$\dfrac{H12}{b12}$						$\dfrac{H12}{h12}$													

注：(1) $\dfrac{H6}{n5}$、$\dfrac{H7}{p6}$ 在基本尺寸小于或等于 3 mm 和 $\dfrac{H8}{r7}$ 在小于或等于 100 mm 时，为过渡配合。

(2) 标注 ▼ 的配合为优先配合。表中总共 59 种配合，其中优先配合 13 种。

表 7-8 基轴制优先、常用的配合

基准轴	孔																				
	A	B	C	D	E	F	G	H	JS	K	M	N	P	R	S	T	U	V	X	Y	Z
	间隙配合								过渡配合				过盈配合								
h5						$\dfrac{F6}{h5}$	$\dfrac{G6}{h5}$	$\dfrac{H6}{h5}$	$\dfrac{JS6}{h5}$	$\dfrac{K6}{h5}$	$\dfrac{M6}{h5}$	$\dfrac{N6}{h5}$	$\dfrac{P6}{h5}$	$\dfrac{R6}{h5}$	$\dfrac{S6}{h5}$	$\dfrac{T6}{h5}$					
h6						▼$\dfrac{F7}{h6}$	$\dfrac{G7}{h6}$	▼$\dfrac{H7}{h6}$	$\dfrac{JS7}{h6}$	▼$\dfrac{K7}{h6}$	$\dfrac{M7}{h6}$	▼$\dfrac{N7}{h6}$	▼$\dfrac{P7}{h6}$	$\dfrac{R7}{h6}$	▼$\dfrac{S7}{h6}$	$\dfrac{T7}{h6}$	▼$\dfrac{U7}{h6}$				
h7					$\dfrac{E8}{h7}$	▼$\dfrac{F8}{h7}$		▼$\dfrac{H8}{h7}$	$\dfrac{JS8}{h7}$	$\dfrac{K8}{h7}$	$\dfrac{M8}{h7}$	$\dfrac{N8}{h7}$									
h8				$\dfrac{D8}{h8}$	$\dfrac{E8}{h8}$	$\dfrac{F8}{h8}$		$\dfrac{H8}{h8}$													
h9				▼$\dfrac{D9}{h9}$	$\dfrac{E9}{h9}$	$\dfrac{F9}{h9}$		▼$\dfrac{H9}{h9}$													
h10				$\dfrac{D10}{h10}$				$\dfrac{H10}{h10}$													
h11	▼$\dfrac{A11}{h11}$	$\dfrac{B11}{h11}$	▼$\dfrac{C11}{h11}$	$\dfrac{D11}{h11}$				▼$\dfrac{H11}{h11}$													
h12		$\dfrac{B12}{h12}$						$\dfrac{H12}{h12}$													

注：标有 ▼ 的配合为优先配合。表中总共 47 种配合，其中优先配合 13 种。

③ 基准制配合的选择。国家标准规定，优先选用基孔制，采用基孔制可以限制和减少加工孔所需用的定值刀具、量具的规格和数量，从而获得较好的经济效益。

基轴制通常仅用于结构设计要求不适宜采用基孔制或采用基轴制具有明显经济效益的场合。例如，同一轴与几个具有不同公差带的孔配合，或冷拔制成的不需要再进行切削加工的轴在与孔配合时，采用基轴制。

在零件与标准件配合时，应按标准件所用的基准来确定。例如，滚动轴承外圈与轴承座孔的配合应采用基轴制，而滚动轴承的内圈与轴的配合则采用基孔制。键与键槽的配合也采用基轴制。

（5）极限与配合在图样中的标注。

① 在零件图中的标注。极限与配合在零件图中的标注有三种形式，如图 7-28 所示。

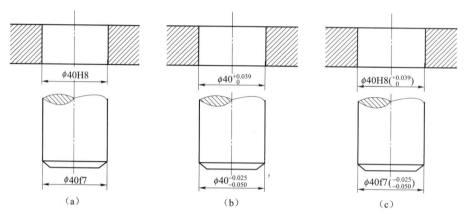

图 7-28　极限与配合在零件图中的标注
（a）公差带代号标注法；（b）极限偏差标注法；（c）综合标注法

a. 公差带代号标注法：公差带代号由基本偏差代号和标准公差等级代号组成，标注在基本尺寸的右边，代号字体与尺寸数字字体的高度相同，如图 7-28（a）所示。这种注法一般用于大批量生产，由专用量具检验零件的尺寸。

b. 极限偏差标注法：上偏差标注在基本尺寸的右上方，下偏差与基本尺寸注在同一底线上，偏差数字的字体比尺寸数字字体小一号，小数点必须对齐，小数点后的位数也必须相同，如图 7-28（b）所示。当某一偏差为"零"时，用数字"0"标出，并与上偏差或下偏差小数点前的个位数对齐。这种注法用于少量或单件生产。

当上、下偏差值相同时，偏差值只需要注一次，并在偏差值与基本尺寸之间注出"±"符号，偏差数值的字体高度与基本尺寸数字相同。

c. 综合标注法：公差带代号与极限偏差同时标注，偏差数值注在尺寸公差带代号之后，并加圆括号，如图 7-28（c）所示。这种注法在设计过程中因便于审图，故使用较多。

② 在装配图中的标注。在装配图上标注极限与配合时，其代号必须在基本尺寸的右边，用分数形式注出，分子为孔公差带代号，分母为轴公差带代号。其注写形式有两种，如图 7-29（a）和 7-29（b）所示。当标注标准件、外购件与零件的配合关系时，可仅标注相配零件的公差带代号，如图 7-29（c）所示滚动轴承与轴和孔的配合尺寸 $\phi 62JS7$ 和 $\phi 30k6$。

7.4.3　几何公差

在生产实践中，经过加工的零件，不但会产生尺寸误差，而且会产生几何误差，零件的实际形状、方向和位置对理想形状、方向和位置所允许的最大变动量，称为几何公差。

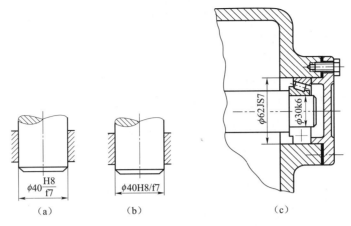

图 7-29 极限与配合在装配图中的标注

由于零件的表面形状和相对位置的误差过大会影响机器的性能，因此对精度要求高的零件，除了控制尺寸精度外，还应控制其形状、方向和位置的误差，这样才能满足零件的使用和装配要求，保证互换性。因此，几何公差也是评定产品质量的一项重要技术指标。

1. 基本术语及定义

要素：基本几何体均由点、线、面构成，这些点、线、面称为几何要素，简称要素。几何要素的分类如下。

（1）按存在的状态分为理想要素和实际要素。

理想要素是指具有几何学意义的点、线、面，在检测中是评定实际要素几何误差的依据。

实际要素是指零件上实际存在的点、线、面。实际要素在测量时由测得要素代替。

（2）按几何公差中所处的地位分为提取组成要素和基准要素。

提取组成要素是指给出了几何公差要求的要素，即需要研究和测量的要素，如被测机件的轮廓线、面或轴线、对称面及球心等。如图 7-30 所示中的 ϕd_1 轴线和圆柱表面分别有方向公差（垂直度）和形状公差（圆柱度）的要求，它们都是提取组成要素。

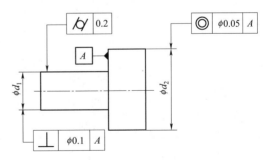

图 7-30 几何公差

基准要素是指用来确定提取组成要素的理想方向或位置的要素，在图样上用基准符号表示。如图 7-30 所示中的 ϕd_2 左端面。

（3）按功能关系分为单一要素和关联要素。

单一要素是指仅对要素本身提出几何公差要求的要素。单一要素与零件上其他要素无功能关系，如图 7-30 中的 ϕd_1 圆柱面。

关联要素是指与零件上其他要素有功能关联的要素。关联要素均给出方向公差（或位置公差或跳动公差）要求。如图 7-30 中的 ϕd_2 轴线和 ϕd_1 与 ϕd_2 台阶面。

（4）按几何特征分为组成要素和导出要素。

组成要素是指构成零件外形的点、线、面，如圆柱面、圆锥面、球面、端面、素线等。

导出要素是指构成轮廓要素对称中心所表示的点、线、面,其随着组成要素的存在而存在,如图 7-30 中的 ϕd_1、ϕd_2 轴线。

2. 几何公差的特征项目及符号

GB/T 1182—2008 和 GB/T 13319—2003 对几何公差的特征项目、名称、术语、代号、数值、标注方法等都作了明确规定。几何公差的特征项目及符号见表 7-9。

表 7-9 几何公差的特征项目及符号

公差类型	几何特征	符号	有无基准要求
形状公差	直线度	—	无
	平面度	▱	无
	圆度	○	无
	圆柱度	⌭	无
	线轮廓度	⌒	无
	面轮廓度	⌓	无
方向公差	平行度	∥	有
	垂直度	⊥	有
	倾斜度	∠	有
	线轮廓度	⌒	有
	面轮廓度	⌓	有
位置公差	位置度	⊕	有或无
	同心度(用于中心点)	◎	有
	同轴度(用于轴线)	◎	有
	对称度	≡	有
	线轮廓度	⌒	有
	面轮廓度	⌓	有
跳动公差	圆跳动	↗	有
	全跳动	⌰	有

3. 几何公差的标注

几何公差代号包括几何公差框格及指引线、几何公差特征项目符号、几何公差数值和其他有关符号、基准符号等,如图 7-31 所示。

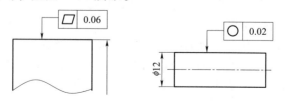

图 7-31 提取组成要素为轮廓线或表面

（1）公差框格。几何公差框格由两格或多格组成，其内容如图 7-32 所示。几何公差框格应水平或竖直放置，几何公差特征项目符号大小与框格中的字体同高，框格内的字高（h）与图样中的尺寸数字等高，框格的高度为字高的两倍，长度可根据需要画出。

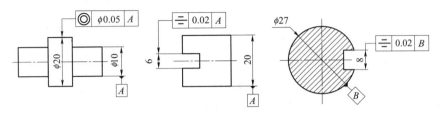

图 7-32　提取组成要素为轴线和中心平面

（2）提取组成要素的标注。用带箭头的指引线将提取组成要素与公差框格一端相连，箭头所指的部位按以下方式标注。

① 当提取组成要素为轮廓线或表面时，如图 7-31 所示，将箭头置于提取组成要素的轮廓线或轮廓线的延长线上，但必须与尺寸线明显地错开。

② 若提取组成要素为轴线、对称面，则带箭头的指引线应与尺寸线对齐，如图 7-32 所示。

③ 对于同一提取组成要素有多项几何公差要求时，可在同一个指引线画出多个公差框格，如图 7-33 所示。

（3）基准代号及其标注。基准代号由基准符号、方框、连线和字母组成，无论基准符号在图中的方向如何，细实线方框内的字母一律水平书写，画法如图 7-34（b）和图 7-34（c）所示。

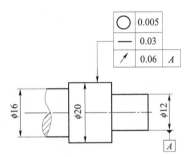

图 7-33　同一提取组成要素有多项公差要求的标注

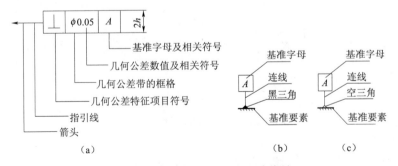

图 7-34　形位公差代号及基准代号

基准符号应放置的位置：

① 当基准要素是轮廓线或表面时，基准符号置于要素的外轮廓线或它的延长线上，但应与尺寸线明显地错开，如图 7-35 所示。

② 当基准要素是轴线或对称面时，基准符号中的直线应与尺寸线对齐，如图 7-32 所示。

③ 对于两个或两个以上的要素组成的基准称为公共基准，如图 7-36（a）所示的公共

轴线、图7-37（b）所示的公共对称面。公共基准的字母应将各个字母用横线连接起来，并书写在公差框格的同一个格子内。

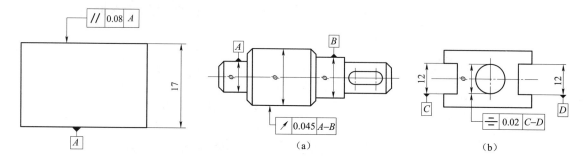

图7-35 基准要素为轮廓线或表面　　　　　　　图7-36 组合基准

（4）零件图上标注几何公差的实例。几何公差的综合标注如图7-37所示，图中标注的各几何公差代号的含义说明如下。

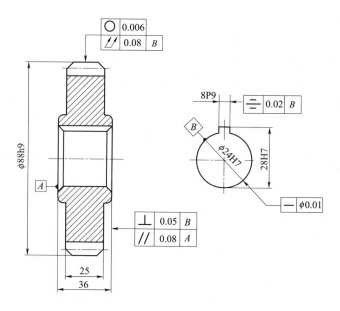

图7-37 几何公差综合标注示例

| ○ | 0.006 | | ：ϕ88h9 外圆柱的圆度公差为 0.006 mm。

| — | ϕ0.01 | | ：ϕ24H7 孔的轴线的直线度公差为 ϕ0.01 mm。

| ⌰ | 0.08 | B | ：ϕ88h9 外圆柱面对 ϕ24H7 孔的轴线的全跳动公差为 0.08 mm。

| ⊥ | 0.05 | B | ：齿轮轮毂的右端面对 ϕ24H7 孔的轴线的垂直度公差为 0.05 mm。

| ∥ | 0.08 | A | ：齿轮轮毂的右端面对左端面平行度公差为 0.08 mm。

| ═ | 0.02 | B | ：槽宽为 8P9 的对称面对 ϕ24H7 孔的轴线的对称度公差

为 0.02 mm。

4. 几何公差带

几何公差带用来限制提取组成要素变动的区域。提取组成要素的形状和位置只有在给定的公差带区域内才能符合设计要求。

几何公差带的定义、标注和解释见表 7-10。

表 7-10 几何公差带的定义、标注和解释

公差项目	几何公差带定义	标注和解释
直线度	在给定平面内的直线度公差带是距离为公差值 t 的两平行直线所限定的区域 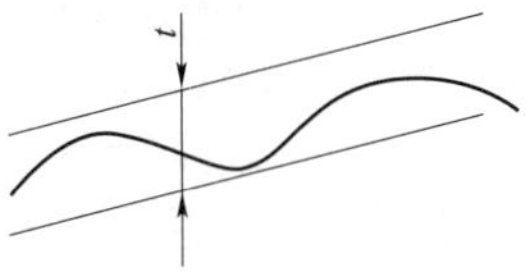	提取（实际）直线应限定在间距为 0.1 mm 的两平行直线之间 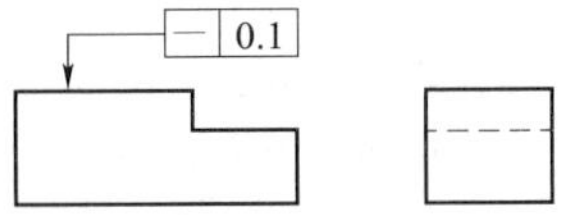
	在任意方向上直线度公差带是直径为公差值 ϕt 的圆柱面所限定的区域 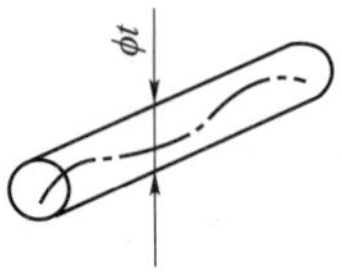	圆柱的提取（实际）中心线应限定在直径为 $\phi 0.08$ mm 的圆柱面内 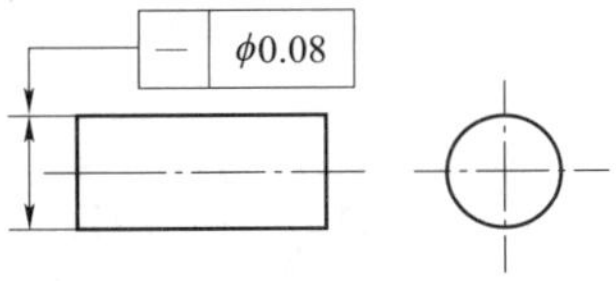
平面度	公差带是距离为公差值 t 的两平行平面之间的区域 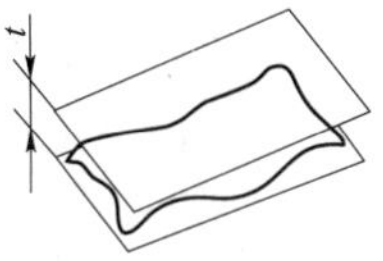	提取（实际）表面应限定在间距为 0.06 mm 的两平行平面内 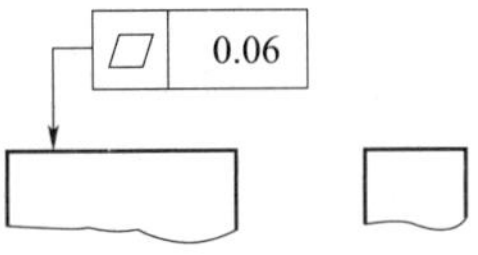
圆度	公差带是在给定横截面内，半径差为公差值 t 的两同心圆所限定的区域 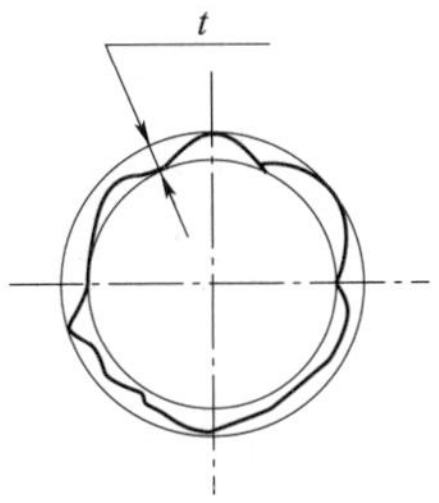	在圆柱面和圆锥面的任意截面内，提取（实际）圆周应限定在半径差为 0.03 mm 的两共面同心圆之间 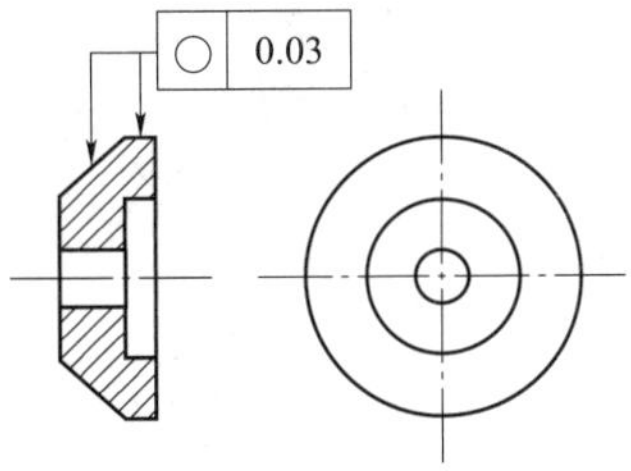

续表

公差项目	几何公差带定义	标注和解释
圆柱度	公差带是半径差为公差值 t 的两同轴圆柱面之间的区域 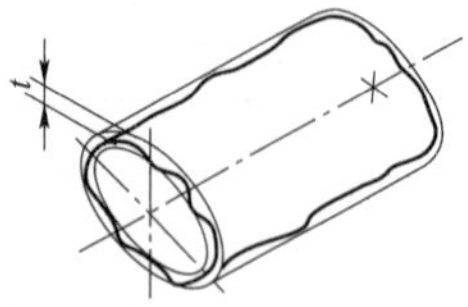	提取（实际）圆柱面应限定在半径差为 0.05 mm 的两同轴圆柱面之间 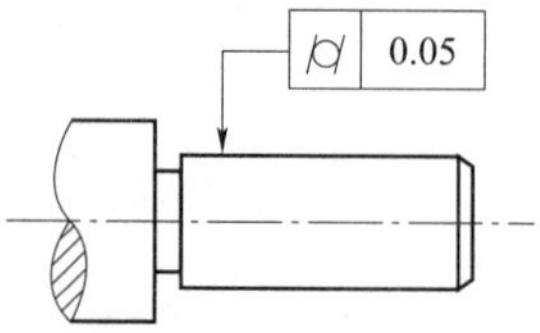
线轮廓度	公差带是包络一系列直径为公差值 t 的圆的两包络线之间的区域，各圆的圆心位于具有理论正确几何形状的线上 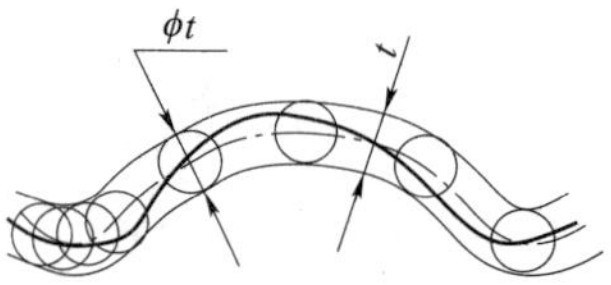	在任一平行于图示投影面的截面上，提取（实际）轮廓线应限定在包络一系列直径为 0.04 mm 的圆的两包络线之间，且圆心位于具有理论正确几何形状的线上 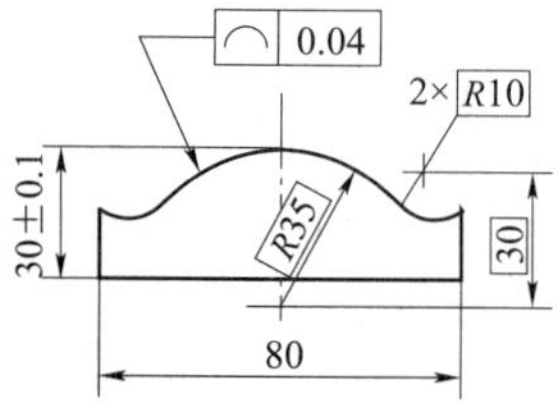
面轮廓度	公差带是包络一系列直径为公差值 t 的球的两包络面之间的区域，各球的球心位于具有理论正确几何形状的面上 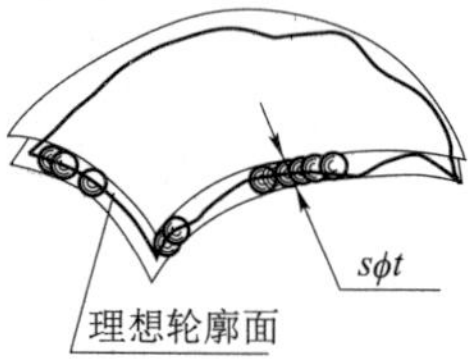	提取（实际）轮廓面应限定在包络一系列直径为 0.02 mm 的球的两包络面之间，且球心位于具有理论正确几何形状的面上 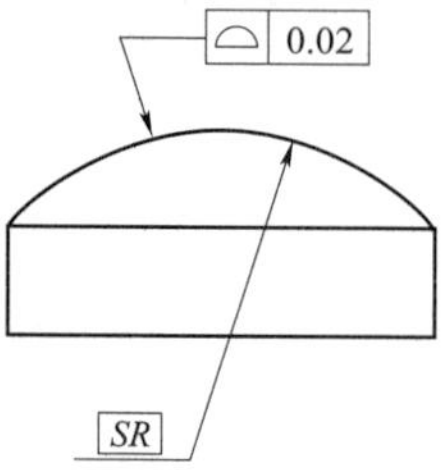
平行度	面对基准面的平行度公差带是距离为公差值 t，且平行于基准面的两平行平面之间的区域 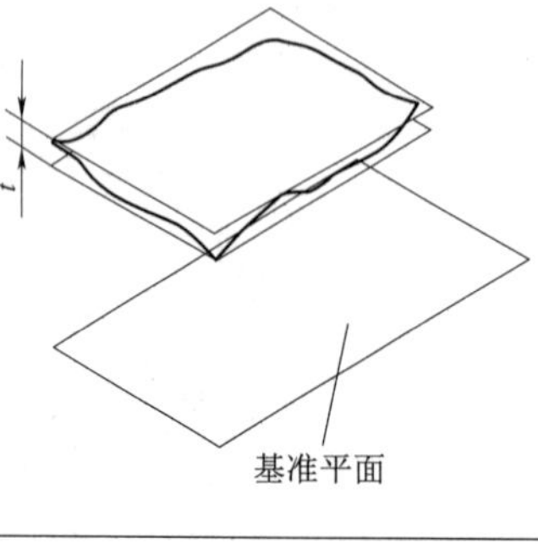	提取（实际）表面应限定在距离为 0.05 mm，且平行于基准平面 A 的两平行平面之间 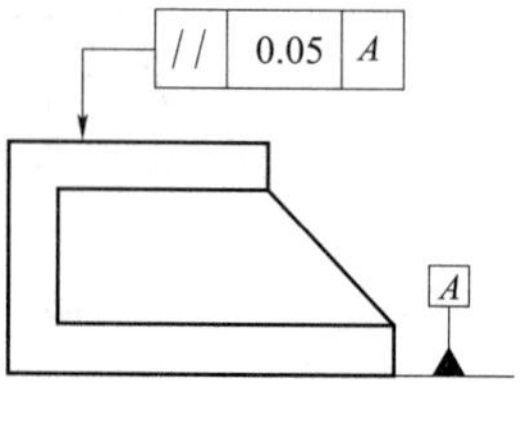

续表

公差项目	几何公差带定义	标注和解释
平行度	线对基准线的平行度公差带是轴线平行于基准轴线，直径为公差值 ϕt 的圆柱面所限定的区域	提取（实际）中心线应限定在轴线平行于基准轴线 A，直径为 $\phi 0.03$ mm 的圆柱面内
平行度	平面对基准线的平行度公差带是距离为公差值 t，平行于基准轴线的两平行平面所限定的区域	提取（实际）表面应限定在距离为 0.1 mm，且平行于基准轴线 C 的两平行平面之间
垂直度	平面对基准面的垂直度公差带是距离为公差值 t，且与基准平面垂直的两平行平面之间的区域	提取（实际）表面应限定在距离为 0.05 mm，且垂直于基准平面 C 的两平行平面之间

续表

公差项目	几何公差带定义	标注和解释
垂直度	线对基准面的垂直度公差带是直径为公差值 ϕt，且轴线垂直于基准平面的圆柱面所限定的区域	圆柱的提取（实际）中心线应限定在直径为 $\phi 0.01$ mm，且垂直于基准平面 A 的圆柱面内
倾斜度	公差带是距离为公差 t，且与基准线成一给定角度 α 的两平行平面之间的区域	提取（实际）表面应限定在距离为 0.1 mm，且与基准轴线 D 成理论正确角度 75° 的两平行平面之间
位置度	点的位置度公差带是直径为公差值 $S\phi t$ 的圆球面所限定的区域。该圆球面中心的理论正确位置由基准 A、B、C 和理论正确尺寸确定	提取（实际）球心应限定在直径为 $S\phi 0.3$ mm 的圆球面内，该圆球面的中心由基准平面 A、B、C 和理论正确尺寸 30 mm、25 mm 确定

续表

公差项目	几何公差带定义	标注和解释
位置度	线的位置度公差在任意方向时，公差带是直径为公差值 ϕt 的圆柱面所限定的区域。该圆柱面的轴线由基准平面 C、A、B 和理论正确尺寸确定	提取（实际）中心线应各自限定在直径为 $\phi 0.1$ mm 的圆柱面内。该圆柱面的位置处于由基准平面 C、A、B 和理论正确尺寸 20 mm、15 mm、30 mm 确定的各孔轴线的理论正确位置上
同轴度	公差带是直径为公差值 ϕt 的圆柱面所限定的区域。该圆柱的轴线与基准轴线重合	大圆柱的提取（实际）轴线应限定在直径为 $\phi 0.08$ mm，以公共基准轴线 A—B 为轴线的圆柱面内
对称度	公差带是距离为公差值 t，且相对于基准中心平面对称配置的两平行平面之间的区域	提取（实际）中心平面应限定在距离为 0.08 mm，对称于基准中心平面 A 的两平行平面之间

续表

公差项目		几何公差带定义	标注和解释
圆跳动	径向圆跳动	公差带是在垂直于基准轴线的任一测量平面内,半径差为公差值 t,且圆心在基准轴线上的两个同心圆之间的区域	在任一垂直于基准轴线 A 的截面内,提取(实际)圆应限定在半径差为 0.08 mm,圆心在基准轴线 A 上的两同心圆之间
	端面圆跳动	公差带是与基准同轴的任一直径的圆柱截面上,距离为公差值 t 的两圆所限定的圆柱面区域	在与基准轴线 D 同轴的任一圆形截面上,提取(实际)圆应限定在轴向距离为 0.1 mm 的两个等圆之间
全跳动	径向全跳动	公差带是半径差为公差值 t,与基准轴线同轴的两圆柱面所限定的区域	提取(实际)表面应限定在半径差为 0.1 mm,与公共基准轴线 $A—B$ 同轴的两圆柱面之间
	端面全跳动	公差带是距离为公差值 t,垂直于基准轴线的两平行平面所限定的区域	提取(实际)表面应限定在距离为 0.1 mm,垂直于基准轴线 D 的两平行平面之间

7.5 零件的工艺结构

零件的结构形状除了满足使用要求外,还必须在零件的加工、测量、装配过程中提出一系列的工艺要求,使零件具有合理的工艺结构。下面简单介绍铸造和机械加工中常见的工艺结构。

7.5.1 铸造工艺结构

1. 拔模斜度

用铸造方法制造零件的毛坯时,为了便于将木模从砂型中取出,一般在铸件的内外壁沿着木模拔模的方向设计出约 1∶20(≈3°)的斜度,称为拔模斜度。拔模斜度在零件图上一般不画、不标,由模型直接做出,如图 7-38(a)所示。

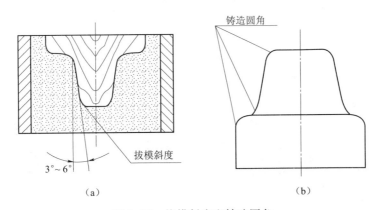

图 7-38 拔模斜度和铸造圆角

2. 铸造圆角

为了避免从砂型中起模时砂型尖角处落砂,防止铸件尖角处产生裂纹及缩孔等铸造缺陷,在铸件各表面相交处都做成圆角,如图 7-38(b)所示。圆角半径一般为 $R3\sim5$,在图上一般不标注,可统一注写在技术要求中。

3. 过渡线

由于有铸造圆角,使得铸件表面的相贯线变得不是很明显,这种不明显的交线称为过渡线。

为了区别相邻表面,需要画出过渡线。国家标准规定,过渡线用细实线绘制,其画法和没有铸造圆角时相贯线的画法完全相同,只是在表达上稍有不同。下面按不同的情况加以说明。

(1)当两曲面相交时,过渡线应与圆角的轮廓线之间应留有间隙,如图 7-39 所示。

(2)当两曲面的轮廓线相切时,过渡线在切点附近应断开,如图 7-39 所示。

(3)当平面与平面、平面与曲面相交时,过渡线应在转角处断开,并加画过渡圆弧,其弯向与铸造圆角的弯向一致,如图 7-40 所示。

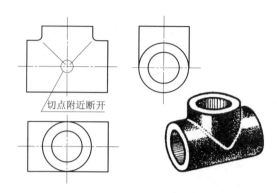

图 7-39　曲面与曲面相交过渡线的画法

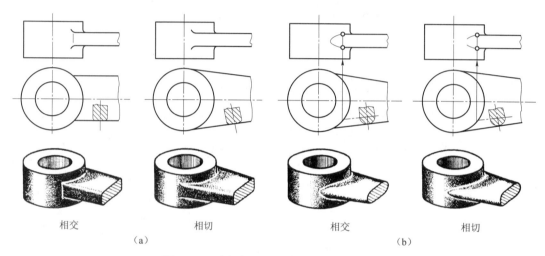

图 7-40　肋板与圆柱结合时过渡线的画法
（a）截断面为长方形；（b）截断面为长圆形

4. 铸件壁厚

为保证铸件的铸造质量，铸件壁厚应保持大致均匀，或采用渐变的方法，如图 7-41（a）和图 7-41（b）所示。因为壁厚不均匀，故冷却速度不同，壁薄处先冷却，凝固；壁厚处后冷却，凝固收缩时因没有足够的金属液来补充，此处极易形成缩孔或在壁厚突变处产生裂纹，如图 7-41（c）所示。

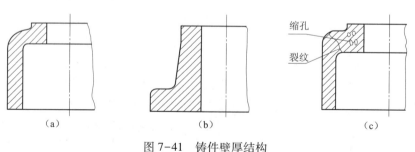

图 7-41　铸件壁厚结构
（a）壁厚均匀；（b）逐渐过渡；（c）壁厚不均

7.5.2 机械加工工艺结构

1. 倒角和倒圆

为了去掉切削零件时产生的毛刺、锐边，使操作安全，保护装配面，便于装配，常在轴和孔的端部加工成45°或30°、60°的倒角。为避免应力集中而产生裂纹，在轴肩处常采用圆角过渡，称为倒圆。零件上的小圆角、45°倒角，在不致引起误解时允许省略不画，但必须注明尺寸或在技术要求中加以说明。倒角和倒圆的大小应根据轴径（孔径）的大小确定，其画法如图7-42所示。图中C代表45°倒角，2、1.5代表倒角距离。

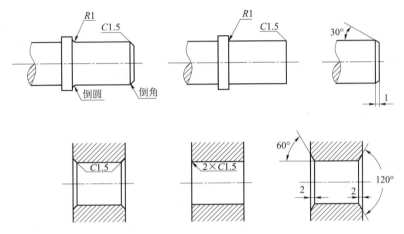

图 7-42 倒圆和倒角

2. 退刀槽和越程槽

切削时（主要是车制螺纹或磨削），为了便于进入或退出刀具以及砂轮的越程需要，常在轴肩处、孔的台肩处预先车出退刀槽或砂轮越程槽，如图7-43所示，具体尺寸与结构可查阅相关手册。如图7-44所示给出了退刀槽和越程槽三种常见的尺寸标注方法。

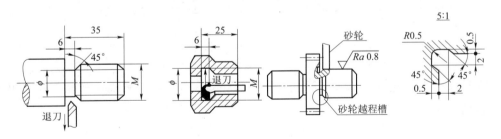

图 7-43 退刀槽和越程槽

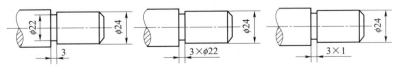

图 7-44 退刀槽和越程槽的尺寸注法

3. 凸台和凹坑

为了保证装配时零件间接触良好，减少零件上机械加工的面积，常在铸件的接触部位铸出凸台和凹坑，常见结构如图 7-45 所示。

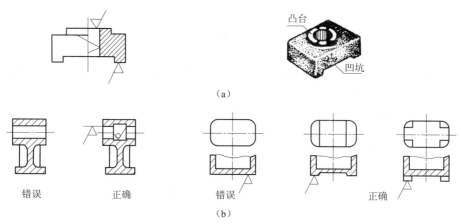

图 7-45 凸台和凹坑

4. 钻孔结构

零件上有各种不同用途和不同形式的孔，常用钻头加工而成。钻孔时，钻头的轴线应与被加工表面垂直，以避免钻头因单边受力产生偏斜或折断。如孔的端面为斜面或曲面时，可设置与孔的轴线垂直的凸台或凹坑；钻头钻透时的结构要考虑到不使钻头单边受力。如图 7-46 所示。

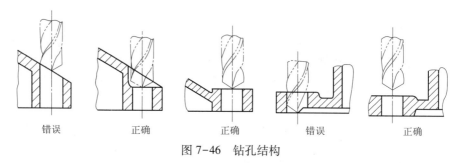

图 7-46 钻孔结构

由于钻头的端部是一个接近 120° 的锥角，所以钻不通孔，末端便产生一个顶角接近 120° 的锥坑，如图 7-47 所示。

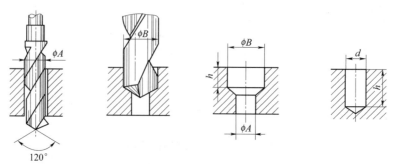

图 7-47 不通孔和阶梯孔结构

7.6 读零件图

在设计、制造、检验机器的实际工作中，读零件图是一项非常重要的工作。读零件图的目的就是根据零件图了解零件的名称、加工时所用的材料以及弄清楚零件在机器和部件中的作用。通过读零件图，分析想象出零件的结构形状，掌握零件的尺寸和技术要求等内容，以便在制造时采用恰当的加工方法，达到图样的要求，保证零件的质量。

7.6.1 读零件图的方法和步骤

1. 读标题栏

首先看标题栏，了解零件的名称、材料、绘图比例和重量等。大体了解该零件属于哪类典型零件，对其有一个初步认知。

2. 分析研究视图，明确表达目的

纵览全图，弄清视图间的关系。因为零件图是由一组图形来表达的，一般都采用视图、剖视图、断面图、局部放大图等多种表达方法。读图时，首先看主视图，围绕主视图分析其他视图的配置及各个视图所采用的表达方法和表达重点，弄清楚各个图形间的投影关系。如有剖视图、断面图，则应看懂剖切面的位置、剖切方法以及投射方向；如有局部视图、局部放大图，则应找到投影方向及部位。

详细看视图，想象形状。读图过程中要形体分析法和线面分析法结合使用，要分清主次、先易后难。一般顺序为：先外形、后内部，先主体、后细节。

3. 分析尺寸和技术要求

零件图上的尺寸是制造、检验零件的重要依据。分析尺寸首先要找出长、宽、高三个方向的尺寸基准，然后从基准出发，按形体分析法找出各个组成部分的定形尺寸、定位尺寸和总体尺寸，以便弄清哪些是重要尺寸和主要加工面；分析尺寸标注是否全面，是否符合设计和工艺要求。

零件图的技术要求是制造零件的质量指标，在制造和检验时要严格遵守。读零件图时主要分析零件的表面结构要求、尺寸公差、几何公差以及其他制造、检验等技术要求，从而确定合理的加工工艺，保证这些技术要求，以制造出满足生产要求的合格产品。

4. 归纳总结

通过以上几个方面的分析，对零件的结构形状、大小以及在机器中的作用有了全面的深入认识。在此基础上对该零件的结构设计、图形表达、尺寸标注、技术要求、加工方法等，提出合理化建议。

以上所述是读零件图的大致方法和步骤。对有些零件图，还需参考有关技术资料和该产品的装配图，读图的各个步骤在读图的过程中不宜孤立地进行，而应对图形、尺寸、技术要求等灵活交叉进行识读、分析。总之，要在读图过程中注意总结经验，不断提高读图能力。

7.6.2 几种典型零件的分析

零件的种类很多，结构也千差万别，根据它们在机器（或部件）中的作用，零件可分为三大类：

(1) 连接件（标准件），起连接支撑作用，如图 7-48 中的螺栓、螺母、键、销、滚动轴承等。这些零件，国家标准对其结构形状、大小、画法等都进行了标准化规定，无须单独绘制零件图。

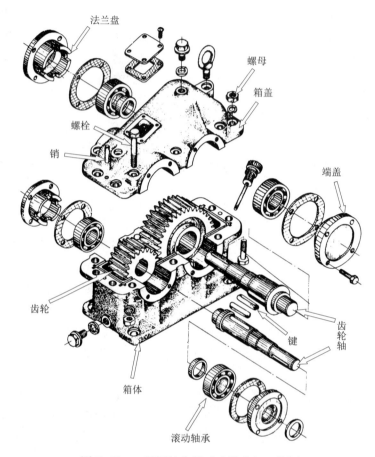

图 7-48　一级圆柱齿轮减速器分解立体图

(2) 传动件（常用件），在机器中起传递运动和扭矩的作用，如图 7-48 中的齿轮，还有蜗轮、蜗杆、带轮、链轮等，这类零件需绘制零件图。

(3) 一般零件，这类零件根据其结构分为轴套类零件、盘盖类零件（常用件属于此类）、叉架类零件和箱体类零件，这类零件需绘制零件图。

下面以几张零件图为例，介绍常见典型零件的结构、图样画法、尺寸标注、技术要求等特点，以便从中找出一些规律，识读零件图。

1. 轴套类零件

轴套类零件主要包括轴、套筒和衬套等。轴类零件在机器中起支承和传动的作用；套类零件通常是安装在轴上，起定位和连接等作用。以图 7-49 为例，说明轴套类零件的特点以及读图的方法和步骤。

(1) 读标题栏，大致了解以下内容。

从图 7-49 中的标题栏可以看出，该零件名称为从动轴，材料为 45 钢，绘图比例为 1∶1，属于轴套类零件。

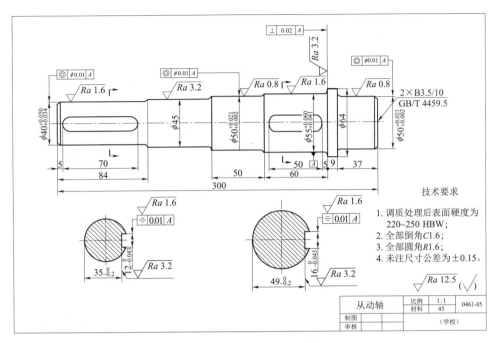

图 7-49 减速器从动轴零件图

（2）分析零件的表达方案，想象零件形状。

轴套类零件的结构特点：一般结构形状比较简单，由大小不同的同轴回转体（圆柱、圆锥）组成，构成阶梯状，轴上加工有键槽、螺纹、退刀槽、倒角、倒圆、中心孔等结构。

① 主视图的选择。

轴套类零件主要在车床和磨床上加工，为读图方便，此类零件的主视图按其加工位置选择，一般将轴线水平放置，用一个主视图并结合轴直径的尺寸标注，就能清楚地表达阶梯轴各段的形状、相对位置以及轴上各种局部结构的轴向位置。对于形状简单且较长的轴段，在不致引起误解的情况下，可采用断裂画法。

② 其他视图的选择。

对于轴上的键槽、孔、退刀槽等结构可采用局部视图、局部放大图、移出断面图来表达。在图 7-49 中，采用一个主视图表达主要形状，两个移出断面图表达键槽的宽度和深度。根据以上的分析想象出从动轴的形状，如图 7-50 所示。

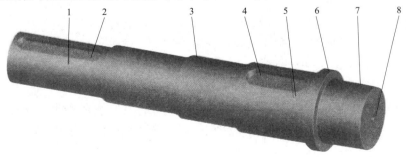

图 7-50 从动轴立体图

1—联轴器轴段；2，4—键槽；3，7—轴承轴段；5—齿轮轴段；6—轴环；8—中心孔

（3）分析尺寸标注。

轴套类零件有轴向尺寸和径向尺寸。径向尺寸的设计基准为轴线，轴向尺寸的设计基准一般选取重要的定位面（即轴肩）或端面。

在图 7-49 中，以水平轴线作为径向尺寸基准，标注各轴段的直径尺寸，如 $\phi 40^{+0.050}_{+0.034}$、$\phi 45$、$\phi 50^{+0.021}_{+0.002}$、$\phi 55^{+0.060}_{+0.041}$、$\phi 64$。根据从动轴在减速器中的作用和位置，轴线方向以 $\phi 55^{+0.060}_{+0.041}$ 轴段的右侧轴肩为主要尺寸基准，以轴的左、右端面等作为辅助尺寸基准。安装联轴器轴段的长度 84 和安装齿轮轴段的长度 60 为重要尺寸，从尺寸基准直接注出。为下料方便，直接标出轴的总长度尺寸 300。

（4）分析技术要求。

有配合要求或有相对运动的轴段，其表面结构、尺寸公差和几何公差比其他轴段要求高。

① 表面结构要求。

从动轴表面结构要求较高，与轴承孔配合的轴段表面 Ra 的上限值为 $0.8~\mu m$，与齿轮和联轴器配合的轴段表面及两个键槽的两侧面 Ra 的上限值为 $1.6~\mu m$，$\phi 45$ 轴段表面及两个键槽的底面 Ra 的上限值为 $3.2~\mu m$。$\sqrt{Ra\ 12.5}$（$\sqrt{\ }$）表示除图中已标注表面结构要求的表面以外，其余表面的表面结构要求相同，且 Ra 的上限值为 $12.5~\mu m$。

② 尺寸公差要求。

从动轴与联轴器、滚动轴承、齿轮相配合的轴段的尺寸公差要求较高，分别为 $\phi 40^{+0.050}_{+0.034}$、$\phi 50^{+0.021}_{+0.002}$、$\phi 55^{+0.060}_{+0.041}$，键槽的深度尺寸分别为 $35^{\ 0}_{-0.2}$、$49^{\ 0}_{-0.2}$，宽度尺寸分别为 $12^{\ 0}_{-0.043}$、$16^{\ 0}_{-0.043}$。

③ 几何公差。

| ◎ | $\phi 0.01$ | A |：表示 $\phi 40^{+0.050}_{+0.034}$、$\phi 50^{+0.021}_{+0.002}$ 的轴线相对于 $\phi 55^{+0.060}_{+0.041}$ 轴线的同轴度公差为 $\phi 0.01~mm$。

| ⊥ | 0.02 | A |：表示 $\phi 55^{+0.060}_{+0.041}$ 右侧轴肩相对于 $\phi 55^{+0.060}_{+0.041}$ 轴线的垂直度公差为 $0.02~mm$。

| ═ | 0.01 | A |：表示键槽的两个侧面的对称平面相对于 $\phi 55^{+0.060}_{+0.041}$ 轴线的对称度公差为 $0.01~mm$。

④ 其他技术要求。

为了提高强度和韧性，往往需要对轴类零件进行调质处理；对轴上与其他零件有相对运动的部分，为增加其耐磨性，有时还需要进行表面淬火、渗碳和渗氮等热处理。这些应在技术要求中注写清楚，如图 7-49 中调质 220~250 HBW。

2. 盘盖类零件

盘盖类零件一般包括法兰盘、齿轮、端盖、盘座等，其毛坯多为铸件或锻件。这类零件在机器中主要起支承、轴向定位和密封等作用。以图 7-51 为例，说明盘盖类零件的结构特点以及读图的步骤。

（1）读标题栏，大致了解以下内容。

从图 7-51 可以看出，该零件的名称是法兰盘，材料为 45 钢，绘图比例为 1∶1，属于盘盖类零件。

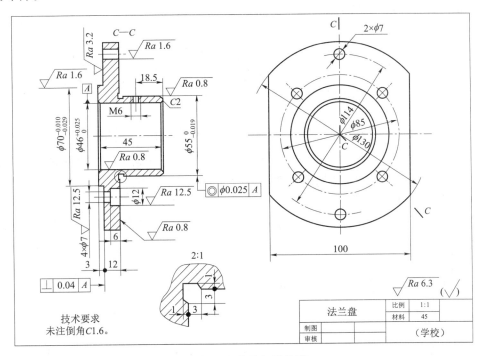

图 7-51 法兰盘零件图

（2）分析零件的表达方案，想象零件形状。

盘盖类零件的结构特点：多为扁平的盘状，多数盘盖类零件主体部分为回转体，一般径向尺寸大于轴向尺寸。其上常见的结构有凸台、螺孔、均布的圆孔、肋条、槽、轮辐等。

① 主视图的选择。

盘盖类零件主要在车床上加工回转面和端面，一般按其加工位置将轴线水平放置画主视图。对有些不以车削加工为主的盘盖类零件也可按工作位置选择主视图。为表达内部结构，主视图常采用剖视图。

② 其他视图的选择。

除主视图外，为了表达盘盖零件的外形和零件上的孔、槽、肋等分布情况，多采用左视图（或右视图）来表达。零件上其他细小结构通常采用局部放大图和简化画法来表达，如有肋板和轮辐，则也可采用断面图表达其截面形状。

法兰盘按加工位置和工作位置摆放，轴线水平，采用一个全剖的主视图表达其主要结构及其上螺纹孔、销孔等结构，左视图表达零件的外形、孔的形状特点和分布情况，局部放大图表达越程槽的结构。根据以上分析，想象出法兰盘的立体图，如图 7-52 所示。

（3）分析尺寸标注。

盘盖类零件主要有轴向和径向两个方向的尺寸。径向尺寸以轴线为设计基准，轴向尺寸一般以加工平面或与其他零

图 7-52 法兰盘立体图

件相接触的较大端面为设计基准。零件尺寸大部分标注在主视图上，其余孔、槽等的定位及定形尺寸标注在左视图（或右视图）上，多个等径均布的小孔一般常用"$n×\phi$、EQS"等形式标注。

如图 7-51 所示的法兰盘，以水平轴线作为径向尺寸基准，标注各外圆柱面和内孔的直径 $\phi 70_{-0.029}^{-0.010}$、$\phi 55_{-0.019}^{0}$、$\phi 46_{0}^{+0.025}$、$\phi 130$ 及孔的定位圆的直径 $\phi 114$、$\phi 85$。

轴向以 $\phi 130$ 左端面为主要尺寸基准。

（4）分析技术要求。

盘盖类零件中，有配合要求的内、外表面以及起轴向定位作用的端面，其表面结构要求较高。有配合要求的孔、轴尺寸应给出恰当的尺寸公差；与其他零件相接触的表面，尤其是与运动零件相接触的表面应有平行度或垂直度等公差要求。

① 表面结构要求。

销孔的安装面、法兰盘的配合面和接触面的表面结构要求较高，Ra 上限值分别为 0.8 μm、1.6 μm 及 3.2 μm，沉孔表面 Ra 上限值为 12.5 μm，其余表面 Ra 上限值为 6.3 μm。

② 尺寸公差。

法兰盘与轴、孔的配合表面尺寸精度要求较高，其尺寸公差分别为 $\phi 70_{-0.029}^{-0.010}$、$\phi 46_{0}^{+0.025}$、$\phi 55_{-0.019}^{0}$。

③ 几何公差。

| ◎ | $\phi 0.025$ | A |：表示 $\phi 55_{-0.019}^{0}$ 的轴线相对于 $\phi 46_{0}^{+0.025}$ 轴线的同轴度公差为 $\phi 0.025$ mm。

| ⊥ | 0.04 | A |：表示 $\phi 130$ 的左端面相对于 $\phi 46_{0}^{+0.025}$ 轴线的垂直度公差为 0.04 mm。

④ 其他技术要求。

见图 7-51 中"技术要求"的文字叙述。

3. 叉架类零件

叉架类零件包括各种用途的叉杆和支架零件。叉杆零件多为运动零件，通常起传动、连接、调节或制动等作用。支架零件通常起支承、连接等作用。叉架类零件毛坯多为铸件或锻件。以图 7-53 为例，说明其特点及读图步骤。

（1）看标题栏，大致了解以下内容。

从标题栏中了解到该零件名称为拨叉，材料为 HT200，绘图比例为 1:2，属于叉架类零件。

（2）分析表达方案，想象零件形状。

叉架类零件形式多种多样，结构较为复杂，经多道工序加工而成。这类零件一般由三部分构成，即支承部分、工作部分和连接部分。连接部分多为肋板结构且形状弯曲或倾斜，它把支承部分与工作部分连成一体。由于此类零件多为铸件或锻件，因此常具有铸造圆角、凸台、凹坑、圆孔、螺孔、油槽、油孔等结构。

① 主视图的选择。

叉架类零件加工位置较难区别主次，结构又比较复杂，主视图一般按工作位置原则选取，如工作位置不固定，则应按能较多地反映零件的各个组成部分的结构形状和相对位置的

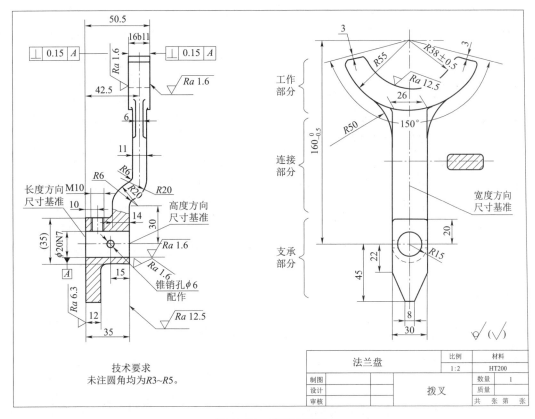

图 7-53 拨叉零件图

方向作为主视方向，并将其摆正画主视图。

主视图常采用局部剖视图表达其主体外形和局部内形。零件上的肋板多采用移出断面图来表达断面形状。如是铸件，则还应注意过渡线的画法。

② 其他视图的选择。

一般需要两个以上视图。叉架类零件常有的倾斜结构多采用斜视图、斜剖视图、断面图，对某些细小的结构可采用局部视图和局部放大图。

在图 7-53 中，拨叉采用了主、左两个视图以及一个移出断面图来表达。主视图表达了叉头、支座与连接的形体特征和这些结构的相对位置关系，左视图主要表达了支座的形状及连接板与叉头的相对位置关系。这两个视图以表达外形为主，主视图采用局部剖视图表示支座的内形。断面图清楚地反映了连接板的断面形状。根据以上分析，想象出拨叉的立体图，如图 7-54 所示。

（3）分析尺寸标注。

叉架类零件长、宽、高三个方向的尺寸基准一般为孔的轴线、中心线、对称面和较大的加工面，如图 7-53 所示。

图 7-54 拨叉立体图

叉架类零件的定位尺寸较多，一般要注出孔的轴线（中心）间的距离，或孔轴线到平面间的距离，或平面到平面间的距离，如图 7-53 中的 10、160 等尺寸；零件上的定形尺寸按形体分析方法标注。

（4）分析技术要求。

对于叉架类零件，其工作部分的支承孔、支承部分的支承面等表面结构、尺寸公差、几何公差要求比较严格。如 $\phi 20N7$ 孔的内表面及左右端面，叉头表面及左右端面。其余部分没有特殊要求，按一般规律给出即可。

① 表面结构要求。

在图 7-53 中，拨叉支承孔、定位销孔的内表面及叉头左右端面的 Ra 上限值为 1.6 μm，支承部分左端面 Ra 上限值为 6.3 μm，右端面 Ra 上限值为 12.5 μm，其余表面为非加工面。

② 尺寸公差。

拨叉的支承孔、叉头尺寸精度要求较高，支承孔的尺寸公差为 $\phi 20N7$，叉头内径尺寸公差为 $R38\pm 0.5$。

③ 几何公差。

| ⊥ | 0.02 | A |：表示拨叉叉头左右端面对 $\phi 20N7$ 轴线的垂直度公差为 0.15 mm。

④ 其他技术要求。

见图 7-53 中"技术要求"的文字叙述。

4. 箱体类零件

箱体类零件主要有泵体、阀体、变速箱、机座等。一般是机器的主体，起承托、容纳、定位、密封和保护等作用，其毛坯多为铸件。以图 7-55 为例，说明箱体类零件的特点及读图的方法和步骤。

（1）看标题栏，大致了解以下内容。

从图 7-55 中的标题栏可以看出，该零件名称为泵体，材料为 HT200，绘图比例为 1∶1，属于箱体类零件。

（2）分析表达方法。

箱体类零件通常都有一个薄壁所围成的较大空腔和与其相连供安装用的底板，并带有轴承孔、凸台、肋板，此外还有安装孔、螺孔、销孔、拔模斜度、铸造圆角等结构，其表面过渡线较多。

① 主视图的选择。

箱体类零件加工部位及工序较多，加工位置难分主次，因此这类零件都按工作位置画主视图，主视图常采用剖视来表达其内部结构。

② 其他视图的选择。

为了表达内外结构，一般要用三个或三个以上的基本视图，再配以局部剖视图、局部视图、斜视图等图样画法，才能把零件表达清楚。如图 7-55 所示的表达方案：共用四个视图，即主视图、左视图、C 向局部视图及 B—B 全剖视图来表达，主视图采用全剖，左视图上有两处局部剖视图。根据以上分析，想象出泵体的立体图，如图 7-56 所示。

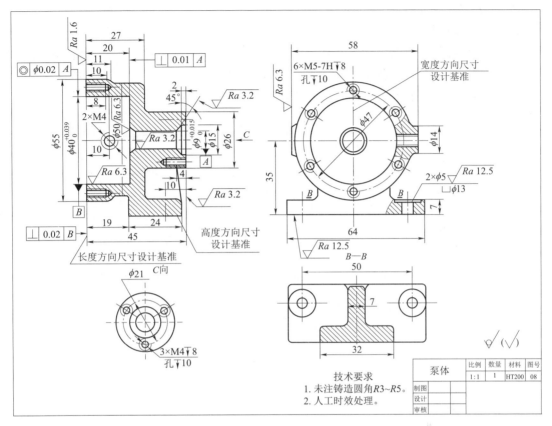

图 7-55　泵体的零件图

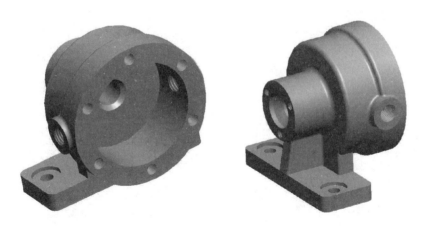

图 7-56　泵体的立体图

（3）分析尺寸标注。

由于结构复杂，尺寸较多，主要分析它的尺寸基准。如图 7-55 所示，底面为安装面，为高度方向的主要尺寸基准（设计基准）。此外，泵体在机械加工时首先加工底面，然后以底面为基准加工轴孔和其他平面，因此底面又是工艺基准。宽度方向尺寸以泵体的前后对称平面为基准，长度方向尺寸以泵体的左端面为基准。

（4）分析技术要求。

① 表面结构要求。

重要的箱体孔和重要的表面，其表面结构要求高。图7-55中孔$\phi 9$内表面的Ra上限值为3.2 μm，左端面的Ra上限值为1.6 μm，右端面的Ra上限值为3.2 μm，底板锪平孔表面的Ra上限值为12.5 μm，其余表面为非加工面。

② 尺寸公差。

箱体上重要的轴孔应根据要求注出尺寸公差，如图7-55中的尺寸$\phi 9^{+0.015}_{0}$、$\phi 40^{+0.039}_{0}$。

③ 几何公差。

对箱体上某些重要的表面和重要的轴孔中心线应给出几何公差要求。

| ◎ | ϕ0.02 | A |：表示孔$\phi 40^{+0.039}_{0}$轴线相对于$\phi 9^{+0.015}_{0}$轴线的同轴度公差为ϕ0.02 mm。

| ⊥ | 0.01 | A |：表示$\phi 40^{+0.039}_{0}$孔的右端面相对于$\phi 9^{+0.015}_{0}$轴线的垂直度公差为0.01 mm。

| ⊥ | 0.02 | B |：表示箱体的左端面相对于$\phi 40^{+0.039}_{0}$轴线的垂直度公差为0.02 mm。

④ 其他技术要求。

见图7-55中"技术要求"的文字叙述。

第 8 章 装配图

装配图是表达机器（或部件）的工作原理、结构性能和各零部件之间的装配、连接关系等内容的图样。表示一台完整机器的图样，称为总装配图；表示一个部件的图样，称为部件装配图。

在新产品设计时，一般先画出装配图，然后根据装配图设计零件并画出零件图。装配图既是进行零件设计、制定装配工艺规程的依据，也是进行运输、装配、调试、检验、安装及维修的必备资料，是表达设计思想和指导生产的重要技术文件。

8.1 装配图的内容

图 8-1 所示为滑动轴承的分解轴测图，图 8-2 所示为滑动轴承的装配图。由图 8-2 可以看出，一张完整的装配图包括以下几项内容：

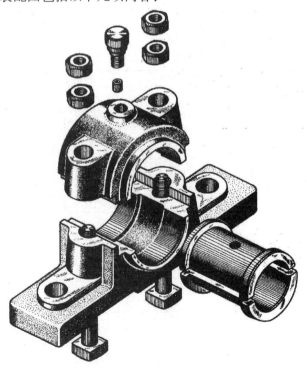

图 8-1 滑动轴承的分解轴测图

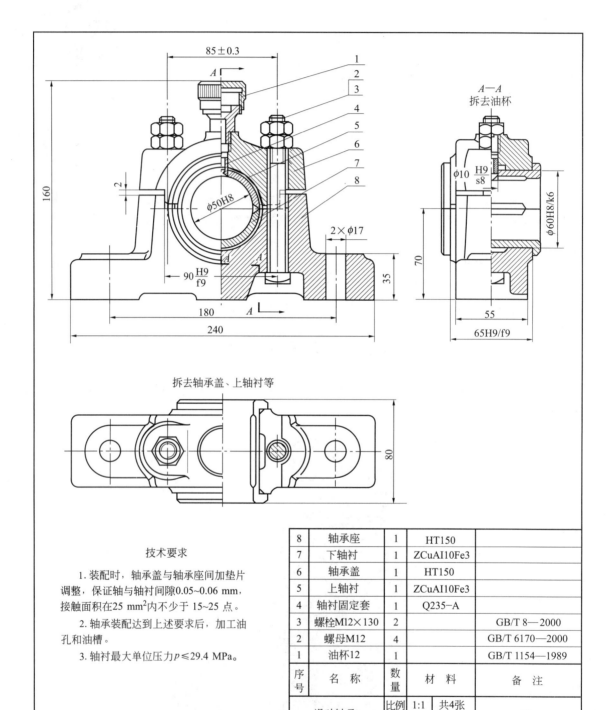

图 8-2 滑动轴承装配图

1. 一组视图

用来表达机器（或部件）的工作原理，零件或部件间的装配关系、连接方式，零件间相对位置及各零件的主要结构。

2. 必要的尺寸

用来表达装配体的规格或性能以及在装配、检验、安装、调试、运输等方面所需要的尺寸。

3. 技术要求

用文字或符号注写出对机器或部件的性能以及在运输、装配、试验、使用、安装的要求和应达到的指标。

4. 标题栏、零件编号和明细栏

在装配图中，必须对每个零件进行编号，并在明细栏中说明机器（或部件）所包含的零件序号、名称、数量、材料、代号、图号等；在标题栏中，写明装配体的名称、图号、比例及设计、审核者的签名等。

8.2 装配图的图样画法

绘制装配图时，在零件图中采用的各种图样画法，如视图、剖视图、断面图、局部放大图等在装配图中都适用。但由于装配图和零件图所表达的侧重点不同，因此，国家标准《机械制图》对绘制装配图制定了规定画法、特殊画法和简化画法。

8.2.1 规定画法

根据装配图表达多个零件装配关系的特点，为了明显区分不同零件，正确表达各零件之间的装配关系，对装配图作如下规定：

1. 接触面和配合面的画法

相邻零件的接触表面和基本尺寸相同的配合表面，中间只画一条线，如图8-3中①处；而相邻零件的非接触面或非配合面中间应画两条线，如图8-3中的③处，即使间隙很小，也必须画成两条线，必要时允许夸大画出。

2. 剖面线的画法

在装配图中，同一零件在所有的剖视图和断面图中，其剖面线的方向和间隔必须相同，如图8-2中的件6，在主视图和左视图中，剖面线的方向和间隔完全相同。这样，在读图时有利于找到同一零件的各个视图，想象其形状和装配关系。相邻两零件的剖面线必须加以区分，使剖面线方向相反，或间隔不同，或互相错开，如图8-3中④处。另外，在装配图中，宽度小于或等于2 mm的狭小剖面区域，可全部涂黑表示，如图8-3中⑦处的垫片。

3. 实心件和某些标准件的画法

为了简化作图，在剖视图中，若剖切平面通过实心杆件（如轴、拉杆等）或标准件（如螺栓、螺母、键、销等）的轴线（或对称面）作纵向剖切时，这些零件均按不剖绘制。如图8-2中的件2、件3和图8-3中的⑤处。如果实心杆件上的孔、槽等结构需要表达，则可采用局部剖视，如图8-3中的②处。

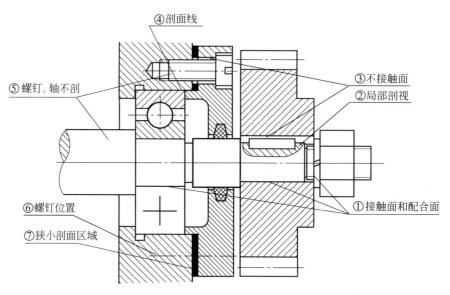

图 8-3 接触面和非接触面的画法、剖面线画法

8.2.2 特殊画法

1. 拆卸画法

在装配图中，为了表达装配体的内部结构，可以假想沿某些零件的结合面剖切，如图 8-2 中，滑动轴承俯视图，由于剖切面对螺栓是横向剖切，因此，在螺栓处画剖面线，其余零件因未被剖切而不画剖面线。

在装配图的某个视图上，如果有的零件在其他视图中已表达清楚，为了避免遮盖其他零件的投影，可将该零件拆去后再画，并在图上加注"拆去××等"字样，如图 8-2 中的左视图。

2. 单独表示某个零件的画法

在装配图中，当某个零件的形状未表达清楚时，可另外单独画出该零件的某一视图，但必须在所画视图的上方注出该零件的视图名称，在相应视图的附近用箭头指明投射方向，并注上同样的字母，如图 8-4 所示。

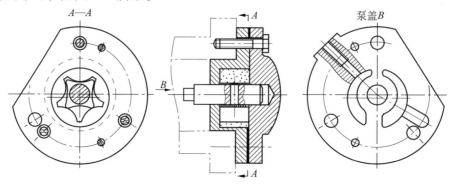

图 8-4 转子油泵

3. 夸大画法

在装配图中，有时会遇到薄片零件、细丝弹簧、微小间隙和小的锥度等，可不按其实际尺寸画出，而采用夸大画法。实际尺寸的大小应在该零件的零件图上给出。

4. 假想画法

在装配图中，当需要表示运动零件的运动范围或极限位置时，可在一个极限位置画出该零件的形状，在另一个极限位置用双点画线画出其轮廓，如图 8-5 所示。

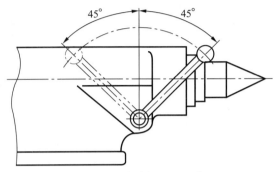

图 8-5　运动零件的极限位置

为了表示本部件与其他相邻零、部件之间的装配关系，可将其他相邻零、部件的部分轮廓用细双点画线画出，如图 8-4 所示的转子油泵。

5. 展开画法

当轮系的各轴线不在同一平面内，如多级传动变速箱、车床床头箱的轴系，为了表示齿轮传动顺序和装配关系，可以假想将不在同一平面的空间轴系按其传动顺序展开在一个平面上，沿各轴轴线剖切，画出剖视图，如图 8-6 所示。

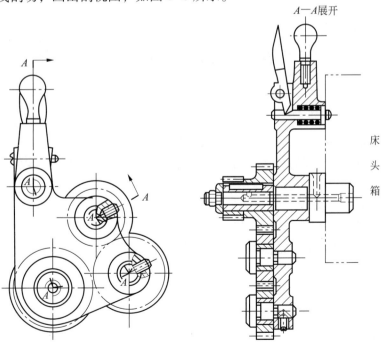

图 8-6　装配图中的展开画法

8.2.3 简化画法

(1) 对于装配图中若干相同的零、部件组,可仅详细地画出一组,其余只需用细点画线表示出其位置,如图8-7和图8-8所示。

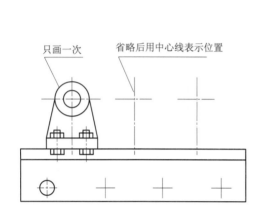

图8-7 相同零、部件组的画法

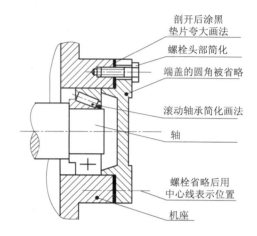

图8-8 装配图的简化画法

(2) 在装配图中,零件的工艺结构,如圆角、倒角、退刀槽、凹坑、凸台等允许不画。螺栓头部和螺母允许按简化画法画出,如图8-8所示。

(3) 在装配图中,对于薄的垫片等不易画出的零件可将其涂黑,如图8-8中垫片的画法。

(4) 在剖视图中,表示油封、滚动轴承等零、部件时,允许画出对称图形的一半,另一半画出其轮廓,如图8-8所示装配图中的滚动轴承。

8.3 装配图的尺寸标注和技术要求

8.3.1 装配图的尺寸标注

装配图是设计和装配机器(或部件)时使用的图样,但不是制造零件的直接依据。因此,装配图上不必标出全部的尺寸,而只需注出必要的尺寸。这些尺寸根据其作用的不同,大致可分为以下几类。

1. 性能(或规格)尺寸

它是表示机器或部件的性能和规格的尺寸,这些尺寸在设计时就已确定,它也是设计机器、了解和选用机器的依据。如图8-2中滑动轴承的轴孔直径 $\phi50H8$。

2. 装配尺寸

表示装配体各零件之间的装配关系的尺寸,通常有配合尺寸和相对位置尺寸。

(1) 配合尺寸。它是表示两个零件之间配合性质的尺寸,也是拆画零件图时确定零件尺寸偏差的依据,如图8-2中 $\phi60H8/k6$ 等。

(2) 相对位置尺寸。它是表示装配机器时需要保证的零件之间相对位置的尺寸,如

图 8-2 中滑动轴承的螺栓间距 85±0.3。

3. 外形尺寸

它是表示机器或部件外形轮廓的尺寸，即总长、总宽、总高。这是机器或部件在包装、运输、厂房设计和安装时所需要的尺寸，如图 8-2 中的 240（长）、80（宽）、160（高）。

4. 安装尺寸

机器或部件安装在地基上或与其他机器或部件相连接时所需要的尺寸，如图 8-2 滑动轴承装配图上的 $\phi17$（安装孔直径）和 180（安装孔中心距）。

5. 其他重要尺寸

它是在设计时经过计算确定的，但又未包括在其他几类尺寸之中的尺寸，如运动件的极限尺寸、主体零件的重要尺寸等。这类尺寸在拆画零件图时必须标注。

上述五类尺寸，并非在每张装配体中都需注全，有时同一尺寸往往具有多种作用，在装配图上到底需要注出哪些尺寸，应根据具体装配体而定。

8.3.2 装配图中的技术要求

装配图上的技术要求主要是针对该装配体的工作性能、装配及检验要求、调试要求及使用与维护要求所提出的，不同的装配体具有不同的技术要求。拟定装配体技术要求时，一般从以下 3 个方面考虑。

1. 装配要求

装配要求是指装配过程中应注意的事项及装配后应达到的技术要求，如装配间隙、润滑要求等。

2. 检验要求

检验要求是指对装配体基本性能的检验、试验、验收方法的要求等。

3. 使用要求

使用要求是对装配体的性能、维护、保养、使用注意事项的要求。

上述各项技术要求，不是每张装配图都要全部注写，应根据具体情况而定。装配图的技术要求一般用文字注写在明细栏的上方或图纸下方的空白处。

8.4 装配图的零件序号及明细栏

在生产中，为了便于图样管理和生产准备，对每个零件或部件都必须编上序号或代号，并填写明细栏，以便备料、编制购货单。同时，读装配图时，也必须根据零、部件序号查阅明细栏，以了解零、部件的名称、材料和数量等。

8.4.1 零、部件序号

1. 编注序号的一般规定

（1）装配图中所有零、部件都必须编写序号，并与明细栏中的序号一致。

（2）装配图中相同的零、部件只编一个序号，且一般只标注一次，如图 8-2 中序号 2、3。标准化组件如滚动轴承、电机等，可以看作是一个整体，编注一个序号。

(3) 同一张装配图中，编注序号的形式应一致。

2. 零件、部件序号的形式

(1) 如图 8-9（a）所示，序号的注写形式有三种，它由圆点（或箭头）、指引线及圆、数字组成，字高应比图中尺寸数字的字号大一号或两号。

(2) 指引线应自所指零、部件的可见轮廓线内引出，并在其末端画一圆点。若所指的部分不宜画圆点，如很薄的零件或涂黑的剖面等，则可在指引线的末端用箭头代替，如图 8-9（b）所示。

(3) 各指引线不允许相交。当通过剖面区域时，不应与剖面线平行，如图 8-9（b）所示。必要时指引线可画成折线，但只允许拐折一次，如图 8-9（c）所示。

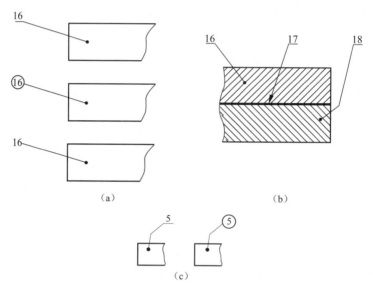

图 8-9　序号及指引线的形式

(4) 同一连接件组或装配关系清楚的零件组，允许采用公共指引线，如图 8-10 所示。

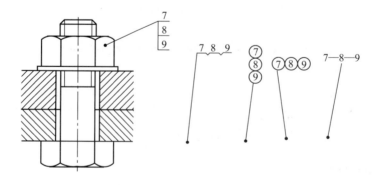

图 8-10　公共指引线的形式

(5) 零、部件序号沿水平或垂直方向按顺时针或逆时针排列，如图 8-2 所示。

8.4.2 明细栏

装配图的明细栏画在标题栏上方,零件序号编写顺序是自下而上。若标题栏上方位置不够,也可移至标题栏的左侧继续编写。其内容包括序号、名称、数量、材料、备注等。如图8-2所示。

8.5 绘制装配图

8.5.1 装配图的表达方案

设计部件或机器时,应先画出装配图。

画装配图前需进行一些准备工作,首先要了解装配体的用途、性能指标、外部联系尺寸和总体尺寸等,根据这些要求,参考必要的技术资料,拟定出几种结构方案,经过认真地分析比较,设计出主要装配关系和零件的主要结构,再运用前面介绍过的各种表达方法,拟定表达方案,从而画出装配图。

表达方案应包括选择主视图、确定视图数量和各视图的表达方法。其目的是以最少的视图,完整、清晰地表达机器或部件的工作原理和装配关系以及主要零件的结构形状。

1. 主视图的选择

主视图的选择应符合下列要求:

(1) 尽可能符合机器或部件的工作位置。当部件在机器上的工作位置倾斜时,可将其放正,使主要装配轴线垂直于某基本投影面,以便于画图。

(2) 能较多地反映出部件的工作原理、主要零件的结构形状及装配关系。由于多数装配体都有内部结构需要表达,因此主视图一般都采用剖视图画出。如图8-2所示的滑动轴承,因其正面能反映主要结构特征和装配关系,故选择正面为主视图。又由于该轴承左右对称,故画成半剖视图。

2. 其他视图的选择

为补充主视图上没有表达清楚而又必须表达的内容,应选择适量的其他视图进一步表达,所选择的视图要重点突出,互相配合,避免重复。如图8-2中的俯视图补充表达了轴承座及其底板上安装孔的位置,为了突出该零件的主要形状特征,俯、左视图采用了拆卸画法。

8.5.2 装配图的画图步骤

图8-11所示为齿轮油泵分解轴测图。以齿轮油泵为例,介绍绘制装配图的步骤。

1. 装配图表达方案的确定

齿轮油泵选择3个基本视图,主视图采用全剖视图,以反映装配体内部总的结构特征;俯视图采用局部剖视图,充分反映泵盖及其内部零件的相互位置关系,同时反映泵体和泵座等零件的外形。为了简化作图,对主视图已经反映清楚的带轮、轴端挡圈、沉头螺钉等件采用拆卸画法;左视图主要反映泵体中被包容的一对圆柱齿轮啮合的内部情况。对基本视图未表示清楚的部分,则采用局部视图表示,如泵盖及压盖外形。

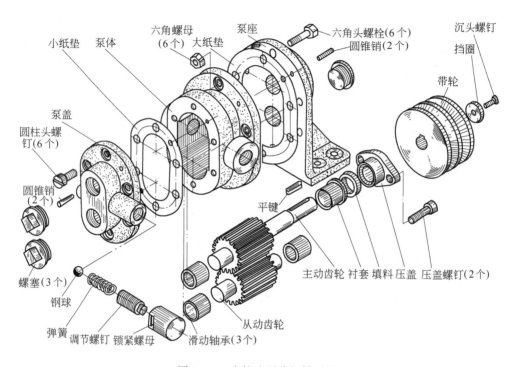

图 8-11 齿轮油泵分解轴测图

2. 确定绘图比例和图纸幅面

在表达方案确定以后,根据装配体的大小、复杂程度和视图数量确定绘图比例及图纸幅面。布图时,要考虑各视图间留出一定空隙,以便注写尺寸和编写序号,图纸右下角应有足够的位置画标题栏、明细栏和注写技术要求。

3. 绘制底稿

装配图应先用细线绘制底稿。

(1) 图面布局:画出图框,定出标题栏和明细栏位置,绘制各视图的主要基准线,通常是指主要轴线(装配干线)、对称中心线、主要零件的基准面或端面等,如图 8-12 所示。

(2) 画出各视图:一般从主视图开始绘制,几个基本视图同时进行,因为一个视图上的图线有时需要通过其他视图才能确定,而且这样画图还可以提高画图速度,减少作图误差。先画主要部分,后画细节部分。齿轮油泵的主要零件是泵座、泵体和泵盖,绘图时,将泵座、泵体、泵盖的轮廓线依次画出,然后再画其他零件的轮廓线。画剖视图时,要尽量从主要轴线围绕装配干线逐个零件向外画。如图 8-13 所示。

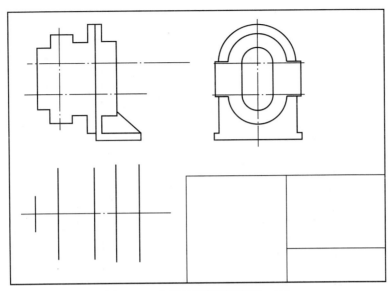

图 8-12　齿轮油泵装配图画法（1）

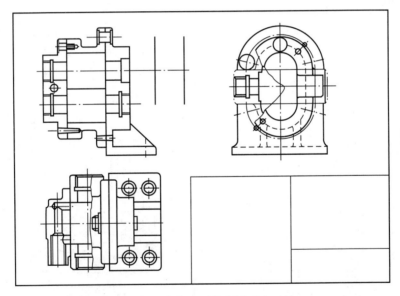

图 8-13　齿轮油泵装配图画法（2）

4. 检查、校对、描深

对装配底稿图进行检查校对，确认无误后描深并画剖面线，如图 8-14 所示。

5. 标注并注写技术要求

标注装配图上应注的尺寸及配合代号，注写技术要求。

6. 编号并填写标题栏和明细栏

编写零件序号，填写标题栏及明细栏，完成全图，如图 8-15 和图 8-16 所示。

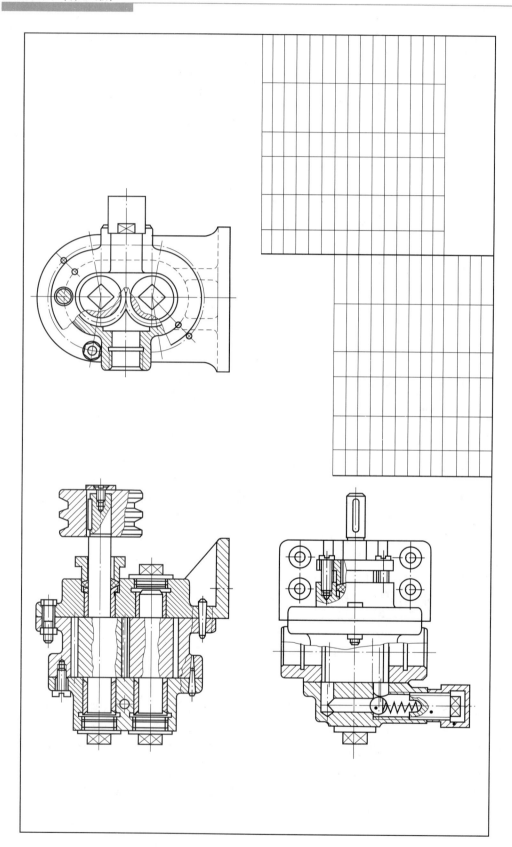

图 8-14 齿轮油泵装配图画法（3）

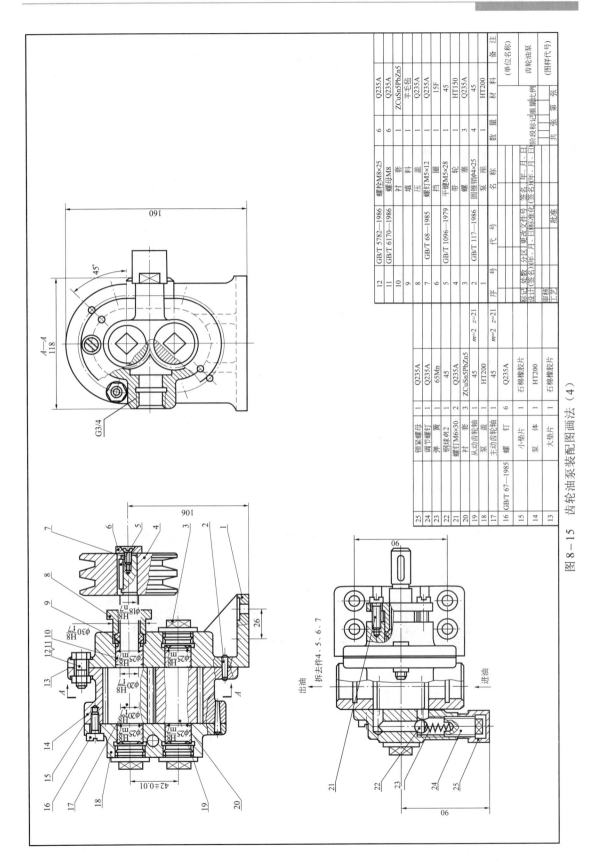

图 8-15 齿轮油泵装配图画法(4)

8.6 常见的装配工艺结构

在设计绘图时,应考虑合理的装配工艺结构和常见装置,并应达到装拆方便的目的。常见的装配工艺结构有以下几种。

8.6.1 接触面与配合面的结构

(1) 两个零件以平面相接触时,只能有一对平面接触,如图 8-16 所示,这样既保证了零件接触良好,又降低了加工要求。

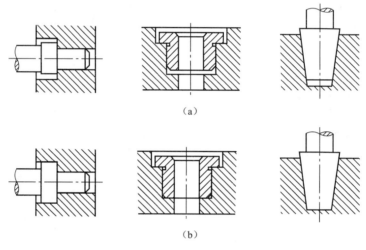

图 8-16 两零件的接触面
(a) 正确;(b) 不正确

(2) 两个零件有一对相交成直角的表面接触时,在转角处应制出倒角、圆角或退刀槽等,以保证表面接触良好。如图 8-17 所示。

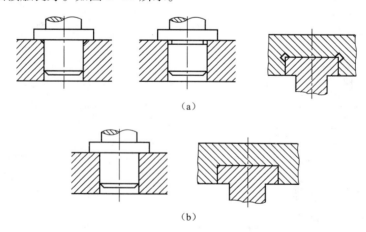

图 8-17 直角接触面处的结构
(a) 正确;(b) 不正确

(3) 为了保证接触良好，接触面需经机械加工，因此合理地减少加工面积，不但可以降加工费用，而且可以改善接触情况。

① 为了保证连接件（螺栓、螺母、垫圈）和被连接件间的良好接触，常在被连接件上做出沉孔、凸台等结构，如图 8-18 所示。沉孔的尺寸可根据连接件的尺寸从有关手册中查取。

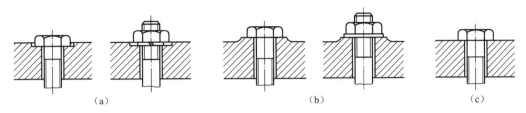

图 8-18　紧固件与被连接件接触面的结构
（a）沉孔；（b）凸台；（c）不合理

② 较长的接触平面或圆柱面应制出凹槽，以减少加工面积，如图 8-19 所示。

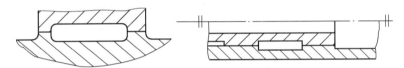

图 8-19　较长接触面处的结构

8.6.2　螺纹连接的合理结构

(1) 为了保证拧紧，螺纹尾部要制出退刀槽，如图 8-20（a）所示；或在螺孔上做出凹坑或倒角，如图 8-20（b）和图 8-20（c）所示。螺纹的大径应小于定位柱的直径，如图 8-20（d）所示。

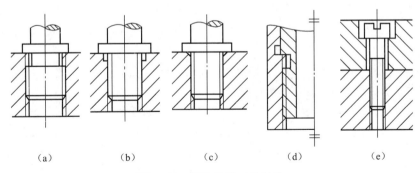

图 8-20　螺纹连接工艺结构

(2) 被连接件通孔的尺寸应比螺纹外径或螺杆直径稍大，以便装配；螺钉头与沉孔之间的间隙应大于螺杆与螺孔之间的间隙。如图 8-20（e）所示。

(3) 为了拆装方便，必须留出扳手的活动空间和螺钉装拆空间，如图 8-21 所示。

(4) 如图 8-22（a）所示中的螺栓无法拧紧，须加手孔或改用双头螺柱，如图 8-22（b）和图 8-22（c）所示。

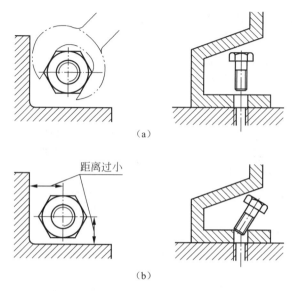

图 8-21 留出扳手活动空间和装拆空间
（a）合理；（b）不合理

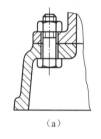 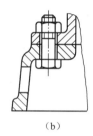 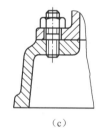

（a）　　　　　　　　　　（b）　　　　　　　　　　（c）

图 8-22 加手孔或改用双头螺柱

（5）螺纹防松装置的结构。螺纹连接在机器运转时，由于受到振动或冲击，则可能发生松动，有时甚至造成严重事故。因此，在某些机构中设有防松装置，图 8-23 所示为几种常用的防松装置。

① 双螺母（图 8-23（a））：两螺母在拧紧后，螺母之间产生的轴向力使螺母与螺栓牙之间的摩擦力增大，从而防止螺母自动松脱。

② 弹簧垫圈（图 8-23（b））：当螺母拧紧后，垫圈受压变平，依靠这个变形力使螺母与螺栓之间的摩擦力增大，垫圈开口的刀刃阻止螺母转动，从而防止螺母松脱。

③ 止动垫片（图 8-23（c））：螺母拧紧后，弯倒止动垫片的止动边即可锁紧螺母。

④ 开口销（图 8-23（d））：开口销直接锁住了六角槽形螺母，使之不能松脱。

（6）定位销的合理结构。为了保证重装后两零件间的相对位置精度，常常采用圆柱销或圆锥销将两零件定位，所以对销及销孔要求较高。为了加工销孔和拆卸销子方便，在可能的条件下常将销孔做成通孔，如图 8-24 所示。

（7）滚动轴承的拆装。滚动轴承若以轴肩或孔肩定位，则轴肩或孔肩的高度应小于轴承内圈或外圈的厚度，如图 8-25 所示。

（8）在零件上加衬套应便于拆卸，如图 8-26 所示。

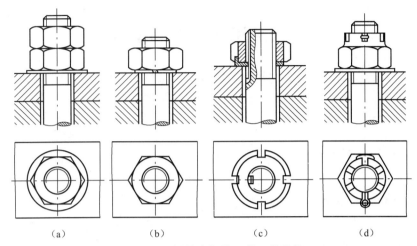

图 8-23 螺纹防松装置的工艺结构

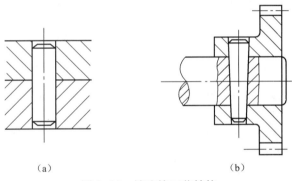

图 8-24 销连接工艺结构

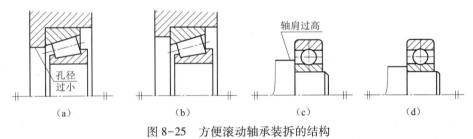

图 8-25 方便滚动轴承装拆的结构
(a) 不合理；(b) 合理；(c) 不合理；(d) 合理

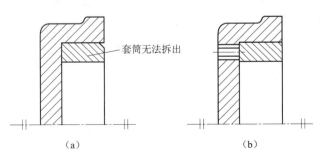

图 8-26 衬套应便于拆卸
(a) 不合理；(b) 合理

8.7 读装配图和拆画零件图

在机器或部件的设计、装配、检验和维修工作及进行技术交流的过程中,都需要读懂装配图。因此,准确、熟练地阅读装配图,并由装配图拆画零件图,是工程技术人员必备的基本技能。

8.7.1 读装配图的基本要求

(1) 明确机器或部件的性能、用途和工作原理。
(2) 明确装配体的结构,了解各零件间的装配关系。
(3) 明确各零件的主要结构形状和作用,想象装卸顺序及方法。
(4) 明确装配体的使用方法。

8.7.2 读装配图的方法步骤

图 8-27 所示为机用平口虎钳的装配图。下面以机用虎钳为例,介绍装配图的读图方法和步骤。

1. 概括了解并分析视图

(1) 从标题栏、明细栏及有关的说明书和技术资料了解设备的用途、性能和工作原理。由图 8-27 的标题栏、明细栏可知,该图表达的是机用平口虎钳,由序号和明细栏可知,机用平口虎钳由 11 种零件组成,其中垫圈 5、圆锥销 7 和螺钉 10 是标准件,其余为非标准件。

(2) 机用平口虎钳装配图采用了主视图、俯视图、左视图三个基本视图,同时采用了局部放大图、断面图和单独表达零件的表达方法。主视图采用全剖和局部剖视图,反映机用平口虎钳的工作原理和零件间的装配关系。俯视图采用局部剖视图,主要表达机用平口虎钳的外形,并通过局部剖视图反映钳口板 2 与固定钳身 1 连接的情况。左视图采用半剖视图,表达固定钳身 1、活动钳身 4 和螺母 8 之间的装配关系。局部放大图表达螺杆 9 上非标准螺纹的结构和尺寸。断面图表达了螺杆右端的断面形状。单独零件的画法中绘制了件 2 的 A 向视图,表达了钳口板 2 的形状。

2. 深入了解部件的工作原理和装配关系

读图时,可从反映工作原理、装配关系较明显的视图入手,分析主要装配干线和传动路线,研究各零件间的连接方式和装配关系。

由图 8-27 可以看出,主视图基本反映了工作原理。转动螺杆 9,使螺母 8 带动活动钳身 4 在水平方向移动,从而夹紧或松开工件,其最大夹持厚度为 70 mm。

主视图还反映了主要零件间的装配关系。螺母 8 从固定钳身下方装入,再将螺杆 9 装入螺母 8,用垫圈 11、垫圈 5、挡圈 6 和圆锥销 7 将螺杆轴向固定。用螺钉 3 将活动钳身 4 与螺母 8 连接。用螺钉 10 将两块钳口板分别与固定钳身 1 和活动钳身 4 连接。

3. 分析零件的结构形状

分析零件就是弄清楚每个零件的结构形状和作用,以及各零件间的装配关系。一台机器或部件上的零件有标准件、常用件和一般零件。对于标准件、常用件是容易弄懂的,但一般零件有简有繁,它们的作用和地位各有不同,应本着抓主要矛盾的方法,从关键性零件开

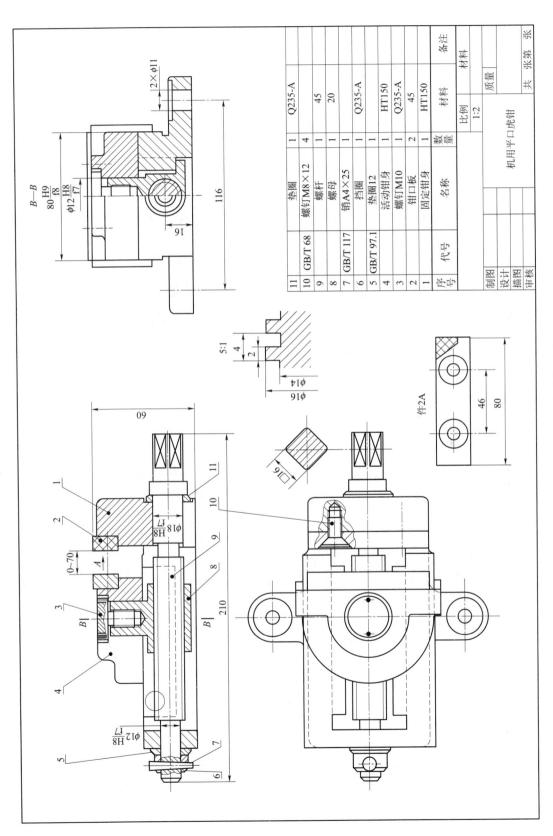

图 8-27 机用平口虎钳装配图

始分析。在分析零件时，首先要分离零件，即把该零件在各视图中的投影轮廓划出它的范围，从其他零件中分离出来。主要方法是利用投影关系和剖视图中各零件剖面线不同的方向及间隔进行分离。零件分离出来后，想出它们的形状，了解其作用。

固定钳身、活动钳身、螺杆和螺母是机用平口虎钳的主要零件，它们在结构和尺寸上都有着密切的联系，要读懂装配图，必须看懂它们的结构形状。读懂了主要零件的结构形状，将各零件联系起来，便可想象出机用平口虎钳的形状，如图 8-28 所示。

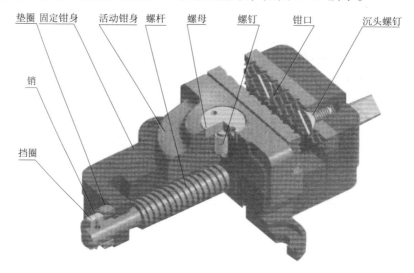

图 8-28 机用平口虎钳轴测图

4. 归纳总结

在对装配关系和主要零件的结构进行分析的基础上，还要对技术条件、全部尺寸进行研究，进一步了解机器或部件的设计意图和装配工艺性，也为下一步拆画零件图打下基础。

8.7.3 由装配图拆画零件图

根据装配图拆画零件图是一项重要的生产准备工作。在设计新机器时，通常是根据使用要求先画装配图，确定实现其工作性能的主要结构，然后根据装配图画零件图，把这一过程称为由装配图拆画零件图。

1. 拆画零件图的要求

（1）画图前必须认真阅读装配图，全面深入了解设计意图，弄清楚装配关系、技术要求和每个零件的结构。

（2）画图时，不但要从设计方面考虑零件的作用和要求，而且还要从工艺方面考虑零件的制造方法，否则将会给生产带来麻烦，甚至造成浪费和损失。

2. 拆画零件图要处理的几个问题

（1）零件分类。按照对零件的要求，把零件分成以下几类：

① 标准零件：标准零件大多数属于外购件，因此不需要画零件图，只要按照标准件的规定标记代号列出标准件的汇总表就可以了。

② 借用零件：借用零件是借用定型产品上的零件。对这类零件可利用其已有的图样，而不必另行画图。

③ 特殊零件：特殊零件是设计时所确定下来的重要零件，在设计说明书中都附有这类零件的图样或重要数据，应按给出的图样或数据绘制零件图。

④ 一般零件：这类零件基本上是按照装配图所体现的形状、大小和有关的技术要求来画图，是拆画零件图的主要对象。这就要求首先要彻底读懂装配图，根据零件在装配图中的作用及与相邻零件之间的关系，将要拆画的零件从整个装配图中分离出来。例如，要拆画机用平口虎钳中固定钳身1的零件图，首先将其从视图中分离出来，然后想象其形状。

(2) 视图处理。拆画零件图时，零件的表达方案是根据零件的结构和形状特点来考虑的，不强求与装配图一致。在多数情况下，壳体、箱座类零件主视图的方向与装配图一致。

(3) 对零件结构形状的处理。在装配图中，对零件上某些次要结构，往往未做完全肯定，对零件上某些标准结构（如倒角、倒圆、退刀槽等），也未完全表达。拆画零件图时，应结合考虑工艺要求，补画出这些结构。如零件上某部分需要与某零件装配后一起加工，则应在零件图上注明。

(4) 零件图上尺寸的处理。零件图上的尺寸可通过以下方法获得：

① 装配图上已注出的尺寸，在零件图上直接注出。对于配合尺寸，要查表，注出偏差数值。

② 与标准件相连接或配合的尺寸，如螺纹尺寸、销孔直径等，要从相应标准中查取。

③ 非标准件，但已在明细栏中给定了尺寸的，如弹簧尺寸、垫片厚度等要按给定尺寸注写。

④ 有标准规定的尺寸，如倒角、沉孔、螺纹退刀槽、砂轮越程槽等，要从有关手册中查取。

⑤ 除上述尺寸外，零件的一般结构尺寸可按比例从装配图上直接量取，并做适当圆整。

(5) 零件表面结构的确定。零件上各表面的表面结构是根据其作用和要求确定的。一般接触面及配合面的表面结构要求较高，自由表面的表面结构要求较低。但具有密封、耐蚀、美观等要求的表面结构也要求较高。表面结构可参阅相关设计手册选注。

(6) 零件图的技术要求。技术要求在零件图中占重要地位，它直接影响零件的加工质量，应结合零件各部分的功能、作用、要求及与其他零件的关系，应用类比法参考同类产品图样、资料，合理选择精度，同时还应使标注数据符合有关标准。

3. 拆画零件图示例

绘制零件图的方法步骤，在零件图一章中已经讨论，此处以拆画固定钳身为例，介绍拆画零件图的方法。

(1) 视图选择。根据零件序号1和剖面符号，在装配图中找到固定钳身的投影。固定钳身主视图应按工作位置原则选择，与装配图一致。根据其结构形状，再增加俯视图和左视图。主视图采用全剖视图，俯视图采用半剖视图，左视图采用局部剖视图。

(2) 尺寸标注。

① 直接注出的尺寸：这些尺寸是装配图上已注出的尺寸，如图 8-29 所示中的尺寸 2×ϕ11、安装孔定位尺寸 116 等。

② 查表确定的尺寸：零件上标准结构的尺寸，如图 8-29 所示中沉孔尺寸及螺孔尺寸等。

③ 直接量取的尺寸：零件上大部分不重要的尺寸，如固定前身的总长 154、总高 58 等。

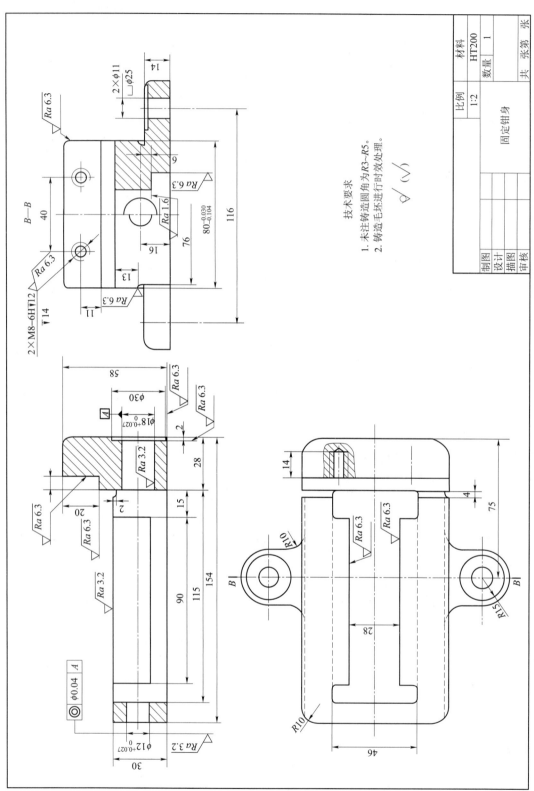

图 8-29 固定钳身零件图

（3）技术要求。零件上各表面的表面结构要求，应根据表面的作用和两零件间的配合性质选择（可查阅相关手册）。为了使活动钳身、螺母在水平方向上移动自如，固定钳身工字型槽的上、下导面必须提出较高的表面结构要求，选择 Ra 的上限值为 $1.6~\mu m$。对于配合表面，应根据装配图上给出的配合要求、公差等级等，查阅手册来确定其极限偏差。

（4）填写标题栏。根据装配图中的明细栏，在零件图的标题栏中填写零件名称、材料数量等，并填写绘图比例、绘图者姓名和绘图日期等。

图 8-29 所示为固定钳身的零件图。

第 9 章 展开图与焊接图

9.1 展 开 图

9.1.1 展开图概述

在机械、造船、化工、冶金等行业中，经常遇到各种各样的金属板制件，如图 9-1 所示的饲料粉碎机上的集粉筒就是金属板制件。制作金属板制件的过程，一般是先放样，然后下料、加工成形，最后焊接、咬接或铆接而成。

放样时，将制件的各表面按其实际形状和大小，摊平在一个平面上，这种把制件表面展开画在平面上的图形称为表面展开图，简称展开图。

图 9-1 集粉桶
1—弯管；2—偏交两圆管；
3—喇叭管；4—方圆过渡接头

9.1.2 求实长、实形的方法

绘制展开图的实质就是求制件各表面的真实形状，求制件表面实形的关键在于求线段实长和平面实形。求作线段实长和平面实形，常用的方法有直角三角形法和旋转法。

1. 直角三角形法

图 9-2（a）中的线段 AB 为一般位置直线，$a'b'$ 和 ab 都小于 AB 实长。过点 A 作一直线 AC 平行于 ab，与 Bb 相交于点 C，则在直角三角形 ABC 中，直角边 AC 等于水平投影 ab，直角边 BC 等于 A、B 两点到水平投影面的距离差 Z_B-Z_A，$\angle BAC=\alpha$，即 AB 对 H 面的倾角，斜边 AB 等于线段实长。根据以上分析，可用直角三角形法求线段的实长。作图步骤如图 9-2（b）所示。

（1）以线段某一投影的长度为一直角边；
（2）以线段另一投影两端点的坐标差为另一直角边；
（3）所作直角三角形的斜边即为线段实长。

2. 旋转法

根据正投影规律可知，当直线平行于某一投影面时，其投影反映实长。因此，求作一般位置直线的实长时，可以垂直于某一投影面的直线为轴，将其旋转到与另一投影面平行的位置，其投影即反映实长，这种方法称为旋转法。

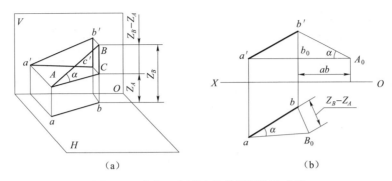

图 9-2 直角三角形法的作图原理和方法

如图 9-3（a）所示，AB 为一般位置直线，过端点 A 以垂直于 H 面的直线 OO 为轴，将 AB 绕该轴旋转到正平线位置 AB_1，其新的正面投影 $a'b_1'$ 即反映实长。从图中可以得出点的旋转规律：当一点绕垂直于投影面的轴旋转时，它的运动轨迹在该投影面上的投影为一圆，而在另一投影面上的投影为一平行于投影轴的直线。作图步骤如图 9-3（b）所示。

(1) 以 a 为圆心，把 ab 旋转到与 OX 轴平行的位置 ab_1；
(2) 过 b' 作 OX 轴的平行线，与过 b_1 作 OX 轴的垂线相交，得交点 b_1'；
(3) 连接 $a'b_1'$，即为线段 AB 的实长。

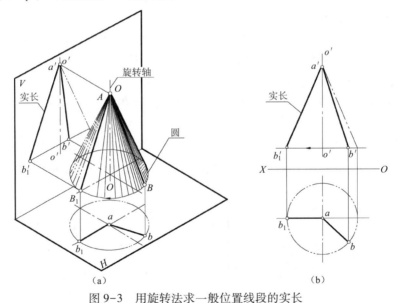

图 9-3 用旋转法求一般位置线段的实长

9.1.3 展开图的画法

实际立体的表面是复杂的，有可展表面和不可展表面之分。如棱柱、棱锥、圆柱、圆锥的表面是可展表面，这种表面可准确画出它的展开图；而圆球、圆环表面及螺旋面等是不可展表面，对于不可展表面，可采用近似画法画出其表面展开图。

无论金属板制件的外形如何复杂，都可以用图解法或计算法进行展开。本节主要介绍图解法。

1. 可展表面展开图的画法

(1) 棱柱表面的展开。

图 9-4 所示为斜口四棱柱管的表面展开。由图 9-4（a）和图 9-4（b）可知，斜口四棱柱管的水平投影反映各底边实长，正面投影反映各棱线实长。各侧面实形根据投影可直接画出，依次画出各侧面实形，即得表面展开图，如图 9-4（c）所示。

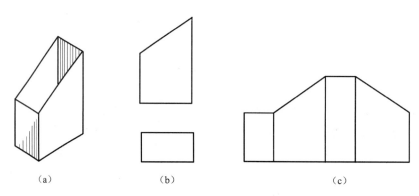

图 9-4　斜口四棱柱管的表面展开
（a）轴测图；（b）视图；（c）展开图

(2) 圆柱表面的展开。

图 9-5（a）和图 9-5（b）分别为斜截圆柱面的轴测图和投影图，由图 9-5（b）可知，斜截圆柱面的各素线长度不等，但仍相互平行且垂直于底面，故其正面投影反映实长。可利用各素线实长按圆柱面展开。作图方法如下：

① 将俯视图的圆周若干等分（图中为 12 等分），作出圆柱表面上每一等分点对应素线的正面投影。

② 将底圆展开成直线，其长度为 πD，并将该直线 12 等分，得点 Ⅰ、Ⅱ、Ⅲ⋯。

③ 自各等分点作垂线，并截取相应素线的长度，如 ⅠA = 1'a'，ⅡB = 2'b'⋯，得点 A、B、C⋯。

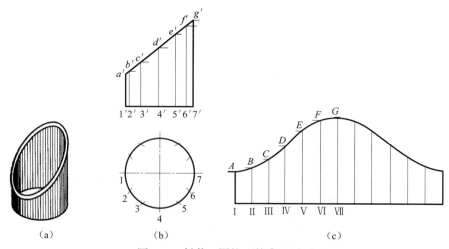

图 9-5　斜截正圆柱面的表面展开
（a）轴测图；（b）画出素线实长；（c）展开图

④ 将 A、B、C…各点光滑连接，即得斜截圆柱管的展开图，如图 9-5（c）所示。

（3）棱锥表面的展开。

图 9-6 所示为空心四棱台的轴测图，求作其表面展开图的步骤如下。

① 延长四棱台棱线，求出锥顶点 S（s、s'）。利用旋转法求出棱线 SA 的实长 s'a'，如图 9-6（b）所示。四条棱线长度相同。

② 以 S 为圆心，以 SA 的实长 s'a' 为半径作圆弧。作任一射线 SA，在圆弧上截取弦长 AB=ab，BC=bc，CD=cd，DA=da，得 A、B、C、D、A 各点。

③ 连接 SA、SB、SC、SD，即为完整四棱锥展开图。

④ 按同样的方法得到 E、F、G、H、E 点，依次连接各点，即得空心四棱台的表面展开图，如图 9-6（c）所示。

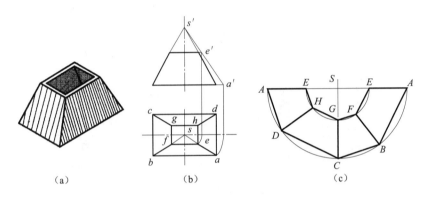

图 9-6　四棱台表面展开图

(4) 圆锥表面的展开。

图 9-7（a）所示为斜口锥管，其表面展开图的作图步骤如下：

① 先画出完整的圆锥表面展开图。圆锥表面展开图是个扇形，扇形半径等于圆锥母线长度，弧长等于圆锥底圆的周长，扇形角为 $180°d/R$（d 为底圆直径，R 为圆锥母线实长）。

② 求出斜截后各素线实长，并将其移至扇形展开图上。

③ 最后用光滑曲线依次连接各端点，即得斜截切口的展开曲线，完成表面展开图，如图 9-7（b）所示。

(5) 变形接头的表面展开。

图 9-8（a）所示为一个上圆下方的变形接头，它由四个三角形面和四个部分锥面组成。对于三角形面，求出各边实长即可画出实形；对于部分锥面，可用三角形法近似画出其表面展开图。

如图 9-8（b）所示，画展开图时，首先将水平投影中的圆周等分，得等分点 1、2、3、4，将等分点和相近的角点相连接（其意义在于将部分锥面分割成若干个小三角形），然后求出素线ⅠA、ⅡA、ⅢA、ⅣA 的实长 L、M、M、L；取 AB=ab，分别以 A、B 为圆心，L 为半径画弧，交于Ⅰ点，得三角形 ABⅠ，再以 A 和Ⅰ为圆心，以 M 和 12 为半径画弧，交于Ⅱ点，得三角形 AⅠⅡ。用同样的方法可依次作出其他三角形，最后光滑连接Ⅰ、Ⅱ、Ⅲ、Ⅳ各点。同理可作出其他部分，完成展开图，如图 9-8（c）所示。

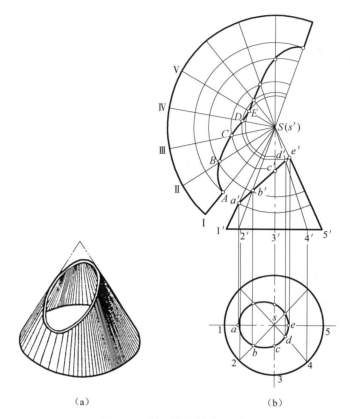

图 9-7 斜口锥管的表面展开

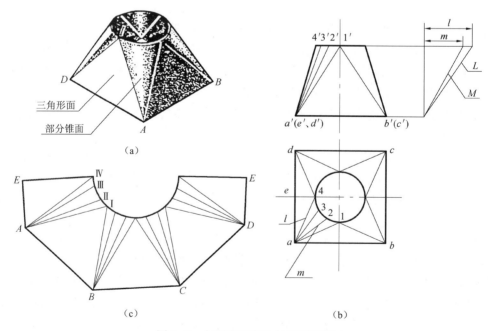

图 9-8 方圆变形接头的表面展开
(a) 轴测图;(b) 视图及求实长;(c) 展开图

2. 不可展表面展开图的画法

球面的近似展开。

球面为不可展曲面，故工程上采用近似画法展开。常用的球面展开方法有近似柱面法和近似锥面法两种，下面介绍近似柱面法。

这种方法是过轴线将圆球分为若干等份，则相邻两平面间所夹柳叶状的球面可近似地看成柱面，然后用展开柱面的方法把这部分球面近似地展开，具体作图方法如下：

① 如图 9-9（a）所示，用过球心的铅垂面将球面分成 8 等份，如图 9-9（a）所示。

② 将球面正面投影的上半圆周 $o'd'$ 分为 4 等份，每等份的弦长为 t。过各等分点作水平面与球面相交，并画出各截交线的水平投影。

③ 将 $o'd'$ 展开成直线 OD，并 4 等分，得 A、B、C 三点，分别过 A、B、C、D 作 OD 的垂线，并截取 $A\mathrm{I}=a1$，$B\mathrm{II}=b2$，$C\mathrm{III}=c3$，$D\mathrm{IV}=d4$。

④ 用光滑曲线连接 O、I、II、III、IV 各点，即可得到 1/8 球面的近似展开图，如图 9-9（b）所示。

⑤ 用同样的方法画出其他部分，得到整个球面的展开图。

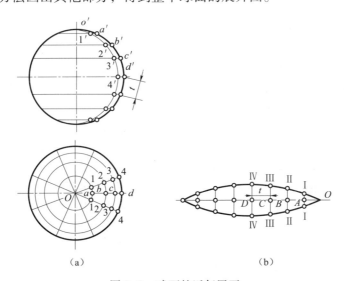

图 9-9　球面的近似展开

前面介绍的展开图的画法，并没有考虑板厚等因素的影响。但实际制作金属板制件时，必须考虑板材的厚度、接口形式、预留咬缝余量、材料的合理利用以及减少焊缝及其长度等。

9.2　焊　接　图

焊接是在高温或高压条件下，使用焊接材料（焊条或焊丝）将两块或两块以上的金属件连接成一个整体的操作方法。焊接属于不可拆连接。

焊接图是供焊接加工所用的一种图样，它除了把焊接件的结构表达清楚以外，还必须把焊缝的有关内容表达清楚。为此，国家标准 GB/T 324—2008《焊缝符号表示法》

和 GB/T 12212—2012《技术制图　焊缝符号的尺寸、比例及简化表示法》规定了焊缝的画法、符号、尺寸标注方法和焊接方法的表示代号。本节主要介绍常用的焊缝符号、规定画法及其标注。

9.2.1　焊缝的表示方法

常见的焊接接头形式有对接、T形接、角接和搭接四种，如图 9-10 所示。

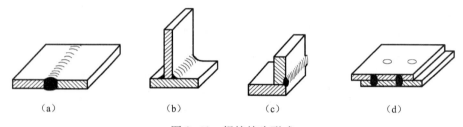

图 9-10　焊接接头形式
（a）对接；（b）T形接；（c）角接；（d）搭接

工件经焊接后所形成的结合部分称为焊缝。在技术图样中，一般按 GB/T 324—2008 规定的焊缝符号表示焊缝。

在视图中，焊缝用一系列细实线（允许徒手绘制）表示，也允许采用特粗线（$2b\sim 3b$）表示，但在同一图样中只允许采用一种画法。在剖视图或断面图上，金属的熔焊区通常应涂黑表示。焊缝的规定画法如图 9-11 所示。

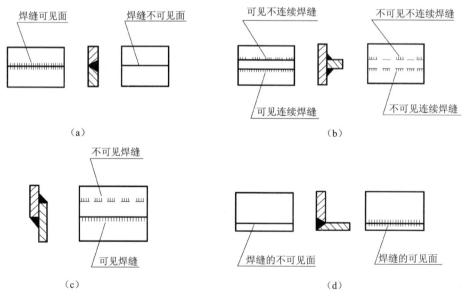

图 9-11　焊缝的规定画法

9.2.2　焊缝符号表示法及其标注

在技术图样或文件上需要表示焊缝或接头时，一般采用焊缝符号。完整的焊缝包括基本符号、指引线、补充符号、尺寸符号和数据等。为了简化，在图样上标注焊缝时，通常采用

第 9 章 展开图与焊接图

基本符号和指引线，其他内容在有关的文件中（如焊接工艺规程等）明确。

1. 焊缝符号

（1）基本符号。

基本符号是表示焊缝横截面形状的符号，它采用近似于焊缝横截面形状的符号来表示，见表 9-1。

表 9-1 焊缝基本符号及其标注（摘自 GB/T 324—2008）

序号	名 称	示 意 图	符 号
1	卷边焊缝（卷边完全熔化）		 八
2	I 形焊缝		 ‖
3	V 形焊缝		 V
4	单边 V 形焊缝		 V
5	带钝边 V 形焊缝		 Y
6	带钝边单边 V 形焊缝		Y
7	带钝边 U 形焊缝		Y
8	带钝边 J 形焊缝		Y
9	封底焊缝	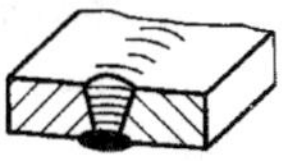	 ⌣
10	角焊缝		 △
11	塞焊缝或槽焊缝		⊓

213

续表

序号	名　称	示　意　图	符　号
12	点焊缝		○
13	缝焊缝		⊖
14	陡边 V 形焊缝		\/
15	陡边单 V 形焊缝		|
16	端焊缝		|||
17	堆焊缝		⌒⌒
18	平面连接（钎焊）		=
19	斜面连接（钎焊）		∥
20	折叠连接（钎焊）		ᒎ

(2) 组合符号。

标注双面焊焊缝或接头时，基本符号可以组合使用，如表 9-2 所示。

表 9-2 基本符号的组合

序号	名　称	示　意　图	符　号
1	双面 V 形焊缝 （X 焊缝）		X
2	双面单 V 形焊缝 （K 焊缝）		K
3	带钝边的双面 V 形焊缝		X
4	带钝边的双面单 V 形焊缝		K
5	双面 U 形焊缝		⋊⋉

(3) 补充符号。

补充符号用来补充说明有关焊缝或接头的某些特征（如表面形状、衬垫、焊缝分布、施焊地点等）。补充符号见表 9-3。

表 9-3 补充符号

序号	名称	符号	说　　明
1	平面	—	焊缝表面通常经过加工后平整
2	凹面	⌣	焊缝表面凹陷
3	凸面	⌢	焊缝表面凸起
4	圆滑过渡	⌡	焊趾处过渡圆滑
5	永久衬垫	M	衬垫永久保留
6	临时衬垫	MR	衬垫在焊接完成后拆除
7	三面焊缝	⊐	三面带有焊缝
8	周围焊缝	○	沿着工件周边施焊的焊缝 标注位置为基准线与箭头线的交点处

续表

序号	名称	符号	说　　明
9	现场焊缝		在现场焊接的焊缝
10	尾部		可以表示所需的信息

2. 指引线及焊缝基本符号的标注

表示焊缝的各种符号、代号及相应的数据均凭借指引线注出。指引线的画法如图 9-12（a）所示。指引线由两条平行的基准线（一条为细实线，一条为细虚线）及箭头线（细实线）构成。图 9-12（b）所示为加了尾部符号的指引线。

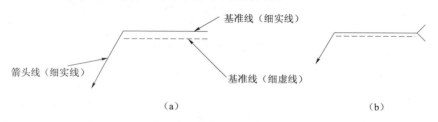

图 9-12　焊缝指引线的画法

（1）基准线的画法。

基准线一般应与图样的底边平行，必要时也可与底边垂直。实线和虚线的位置可根据需要互换。

（2）箭头线的画法。

箭头直接指向的接头侧为"接头的箭头侧"，与之相对的则为"接头的非箭头侧"，如图 9-13 所示。

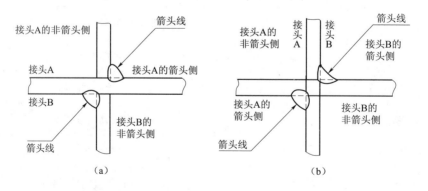

图 9-13　接头的"箭头侧"和"非箭头侧"示例

箭头线相对于焊缝的位置一般没有特殊要求，但在标注单边 V 形焊缝、带钝边 U 形焊缝、J 形焊缝时，箭头应指向工件上焊缝带有坡口的一侧，如图 9-14 所示。必要时，允许箭头线转折一次。

（3）基本符号相对于基准线的标注位置。

在标注基本符号时，它相对于基准线的位置严格规定如下：

① 如果焊缝在接头的箭头侧，则须将基本符号标在基准线的细实线侧，如图9-15（a）所示。

② 如果焊缝在接头的非箭头侧，则须将基本符号标在基准线的细虚线侧，如图9-15（b）所示。

③ 标注对称焊缝及双面焊缝时，可免去基准线中的细虚线，如图9-15（c）和图9-15（d）所示。

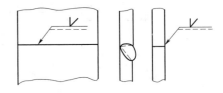

图9-14 箭头线的画法

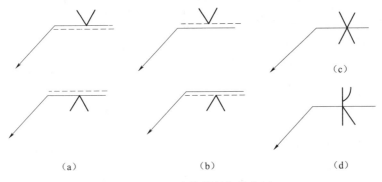

图9-15 基本符号的标注位置

9.2.3 焊缝尺寸符号及其标注

1. 焊缝尺寸符号

焊缝尺寸符号及其含义见表9-4。焊缝尺寸符号是用字母代表焊缝的尺寸要求，如图9-16所示。

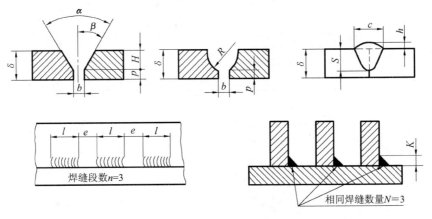

图9-16 焊缝尺寸符号

表 9-4 焊缝尺寸符号及其含义（摘自 GB/T 324—2008）

符号	名称	示意图	符号	名称	示意图
δ	工件厚度	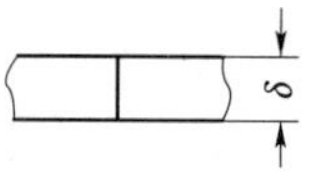	c	焊缝宽度	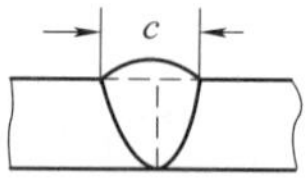
α	坡口角度	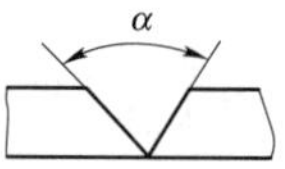	K	焊脚尺寸	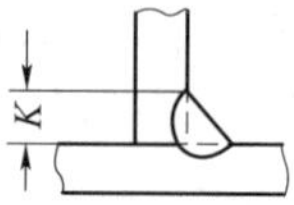
β	坡口面角度	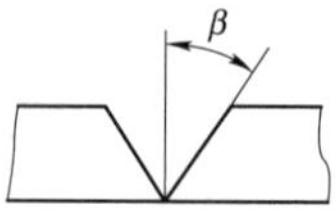	d	点焊：熔核直径 塞焊：孔径	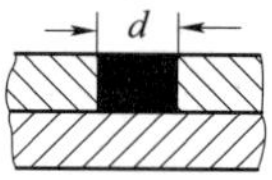
b	根部间隙	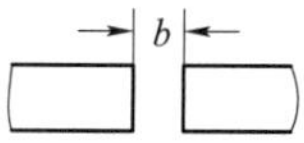	n	焊缝段数	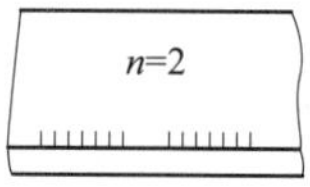
p	钝边	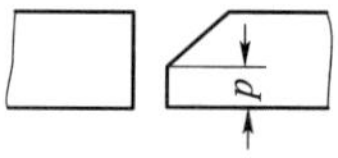	l	焊缝长度	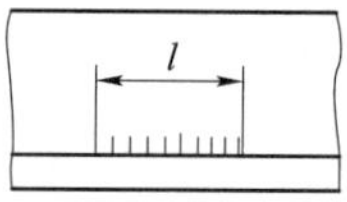
R	根部半径	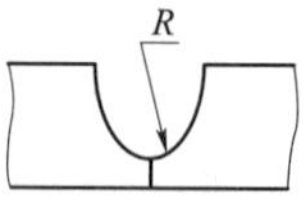	e	焊缝间距	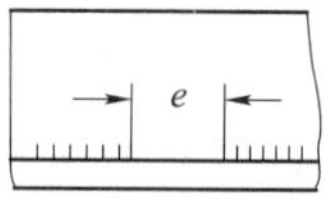
H	坡口深度	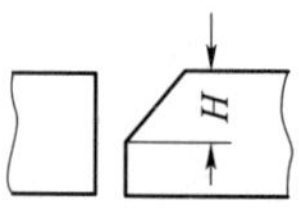	N	相同焊缝数量	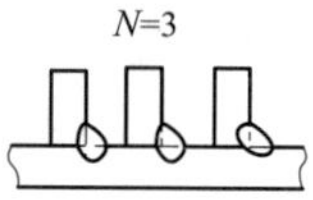
S	焊缝有效厚度	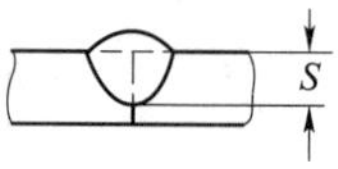	h	余高	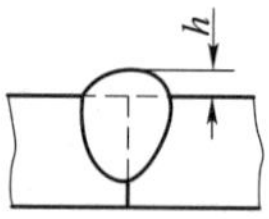

2. 焊缝尺寸符号的标注

如图 9-17 所示，焊缝尺寸符号的标注方法规定如下：
（1）横向尺寸标注在基本符号的左侧；
（2）纵向尺寸标注在基本符号的右侧；
（3）坡口角度、坡口面角度、根部间隙的尺寸标注在基本符号的上侧或下侧；
（4）相同焊缝数量标注在尾部符号内；
（5）当尺寸数据较多而不易分辨时，可在尺寸数据前标注相应的尺寸符号。
当箭头线方向改变时，上述规则不变。

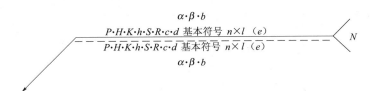

图 9-17 焊缝尺寸符号的标注

9.2.4 焊接图示例

常见焊缝的标注示例见表 9-5。

表 9-5 常见焊缝的标注示例

接头形式	焊缝形式	标注示例	说　明
对接接头			111 表示用焊条电弧焊，V 形焊缝，坡口角度为 α，根部间隙为 b，有 n 段焊缝，焊缝长度为 l
T 形接头			▰ 表示在现场装配时进行焊接 ▷ 表示双面角焊缝，焊脚高度为 K
T 形接头			表示有 n 段对称断续角焊缝。l 表示焊缝的长度，e 表示断续焊接的间距
T 形接头			Z 表示交错断续角焊缝
角接接头			⌐ 表示三面焊接 △ 表示单面焊缝

图 9-18 所示为焊接图示例。

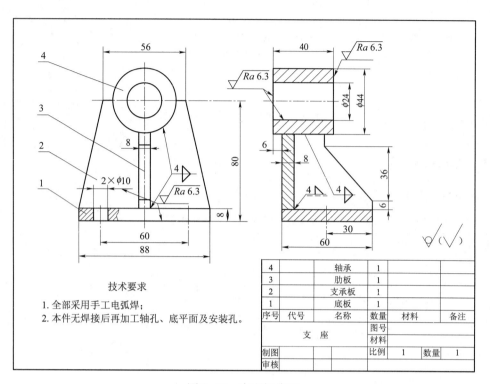

图 9-18 支座焊接图

附录1 螺纹

1.1 普通螺纹的直径与螺距（摘自 GB/T 193—2003 GB/T 196—2003）

标记示例：M10—6g（粗牙普通外螺纹、公称直径 $d=10$ mm、右旋、中径及顶径公差带代号均为 6g、中等旋合长度）

M10×1LH—6H（细牙普通内螺纹、公称直径 $D=10$ mm、螺距 $P=1$ mm、左旋、中径及顶径公差带代号均为 6H，中等旋合长度）

附表 1-1　　　　　　　　　　　　　　　　　　　　　　　　mm

公称直径 D, d		螺距 p		粗牙中径 D_2, d_2	粗牙小径 D_1, d_1
第一系列	第二系列	粗牙	细牙		
3		0.5	0.35	2.675	2.459
	3.5	(0.6)		3.110	2.850
4		0.7	0.50	3.545	3.242
	4.5	(0.75)		4.013	3.688
5		0.8		4.480	4.134
6		1	0.75	5.350	4.917
8		1.25	1, 0.75	7.188	6.647
10		1.5	1.25, 1, 0.75	9.026	8.376
12		1.75	1.5, 1.25, 1	10.863	10.106
	14	2	1.5, (1.25)*, 1	12.701	11.835
16		2	1.5, 1	14.701	13.835
	18	2.5	2, 1.5, 1	16.376	15.294
20		2.5		18.376	17.294
	22	2.5		20.376	19.294
24		3		22.051	20.752
	27	3		25.051	23.752

续表

公称直径 D, d		螺距 p		粗牙中径 D_2, d_2	粗牙小径 D_1, d_1
第一系列	第二系列	粗牙	细牙		
30		3.5	(3), 2, 1.5, 1	27.727	26.211
	33	3.5	(3), 2, 1.5	30.727	29.211
36		4	3, 2, 1.5	33.402	31.670
	39	4		36.402	34.670
42		4.5	4, 3, 2, 1.5	39.007	37.129
	45	4.5		42.007	40.129
48		5		44.752	42.587
	52	5		48.752	46.587
56		5.5		52.428	50.046
	60	5.5		56.428	54.046
64		6		60.103	57.505
	68	6		64.103	61.505

注：1. 优先选用第一系列，第三系列未列入。
  2. 括号内尺寸尽可能不用。
  3. * M14×1.25 仅用于火花塞。

1.2 螺纹旋合长度（摘自 GB/T 197—2003）

附表 1-2   mm

基本大径 D, d		螺距 P	旋合长度			
			S		N	L
>	≤		≤	>	≤	>
2.8	5.6	0.35	1	1	3	3
		0.5	1.5	1.5	4.5	4.5
		0.6	1.7	1.7	5	5
		0.7	2	2	6	6
		0.75	2.2	2.2	6.7	6.7
		0.8	2.5	2.5	7.5	7.5

续表

基本大径 D, d		螺距 P	旋合长度			
			S	N		L
>	≤		≤	>	≤	>
5.6	11.2	0.75	2.4	2.4	7.1	7.1
		1	3	3	9	9
		1.25	4	4	12	12
		1.5	5	5	15	15
11.2	22.4	1	3.8	3.8	11	11
		1.25	4.5	4.5	13	13
		1.5	5.6	5.6	16	16
		1.75	6	6	18	18
		2	8	8	24	24
		2.5	10	10	30	30
22.4	45	1	4	4	12	12
		1.5	6.3	6.3	19	19
		2	8.5	8.5	25	25
		3	12	12	36	36
		3.5	15	15	45	45
		4	18	18	53	53
		4.5	21	21	63	63
45	90	1.5	7.5	7.5	22	22
		2	9.5	9.5	28	28
		3	15	15	45	45
		4	19	19	56	56
		5	24	24	71	71
		5.5	28	28	85	85
		6	32	32	95	95

附录 2 螺纹紧固件

2.1 六角头螺栓

六角头螺栓——C级（摘自 GB/T 5780—2016）

六角头螺栓——A 和 B 级（摘自 GB/T 5782—2016）

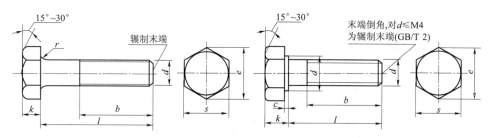

标记示例：螺纹规格 $d=12$ mm、公称长度 $l=80$ mm、性能等级为 8.8 级、表面氧化、A 级的六角头螺栓

记为：螺栓 GB/T 5782—2016　　M12×80

附表 2-1　　　　　　　　　　　　　　　　　　　　　　　　　　mm

螺纹规格 d		M3	M4	M5	M6	M8	M10	M12	M16	M20	M24	M30	M36	M42
b 参考	$l \leqslant 125$	12	14	16	18	22	26	30	38	46	54	66		
	$125 < l \leqslant 200$	18	20	22	24	28	32	36	44	52	60	72	84	96
	$l > 200$	31	33	35	37	41	45	49	57	65	73	85	97	109
c		0.4	0.4	0.5	0.5	0.6	0.6	0.6	0.8	0.8	0.8	0.8	0.8	1
d_w	产品等级 A	4.75	5.88	6.88	8.88	11.63	14.63	16.63	22.49	28.19	33.61			
	产品等级 B、C	4.45	5.74	6.74	8.74	11.47	14.47	16.47	22	27.7	33.25	42.75	51.11	59.95
e	产品等级 A	6.01	7.66	8.79	11.05	14.38	17.77	20.03	26.75	33.53	39.98			
	产品等级 B、C	5.88	7.50	8.63	10.89	14.20	17.59	19.85	26.17	32.95	39.55	50.85	60.79	71.3
k 公称		2	2.8	3.5	4	5.3	6.4	7.5	10	12.5	15	18.7	22.5	26
r		0.1	0.2	0.2	0.25	0.4	0.4	0.6	0.6	0.8	0.8	1	1	1.2
s 公称		5.5	7	8	10	13	16	18	24	30	36	46	55	65

续表

螺纹规格 d	M3	M4	M5	M6	M8	M10	M12	M16	M20	M24	M30	M36	M42
l（产品规格范围）	20~30	25~40	25~50	30~60	40~80	45~100	50~120	65~160	80~200	90~240	110~300	140~360	160~440
l 系列	12, 16, 20, 25, 30, 35, 40, 45, 50, 55, 60, 65, 70, 80, 90, 100, 110, 120, 130, 140, 150, 160, 180, 200, 220, 240, 260, 280, 300, 320, 340, 360, 380, 400, 420, 440, 460, 480, 500													

注：1. A 级用于 $d \leqslant 24$ mm 和 $l \leqslant 10d$ 或 $\leqslant 150$ mm 的螺栓；B 级用于 $d > 24$ mm 和 $l > 10d$ 或 >150 mm 的螺栓。
　　2. 螺纹规格 d 范围：GB/T 5780—2000 为 M5~M64；GB/T 5782—2000 为 M1.6~M64。
　　3. 公称长度范围：GB/T 5780—2000 为 25~500 mm；GB/T 5782—2000 为 12~500 mm。

2.2 六角螺母

六角头螺母—C 级（GB/T 41—2016）
1 型　六角螺母—A 和 B 级（GB/T 6170—2015）
六角薄螺母—A 和 B 级（GB/T 6172—2016）

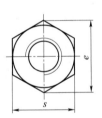

标记示例：
螺纹规格 D = M12、C 级六角螺母　　　　记为：螺母 GB/T 41—2016 M12
螺纹规格 D = M12、A 级 1 型六角螺母　　记为：螺母 GB/T 6170—2015 M12
螺纹规格 D = M12、A 级六角薄螺母　　　记为：螺母 GB/T 6172—2016 M12

附表 2-2　　　　　　　　　　　　　　　　　　　　　　　　　　　　　　　　mm

螺纹规格 D		M3	M4	M5	M6	M8	M10	M12	M16	M20	M24	M30	M36	M42
$e_{\min}$	GB/T 41				8.63	10.89	14.20	17.59	19.85	26.17	32.95	39.55	50.85	60.79	71.3
	GB/T 6170	6.01	7.66	8.79	11.05	14.38	17.77	20.03	26.75	32.95	39.55	50.85	60.79	71.3
	GB/T 6172	6.01	7.66	8.79	11.05	14.38	17.77	20.03	26.75	32.95	39.55	50.85	60.79	71.3
$s_{\max}$	GB/T 41				8	10	13	16	18	24	30	36	46	55	65
	GB/T 6170	5.5	7	8	10	13	16	18	24	30	36	46	55	65
	GB/T 6172	5.5	7	8	10	13	16	18	24	30	36	46	55	65

续表

螺纹规格 D		M3	M4	M5	M6	M8	M10	M12	M16	M20	M24	M30	M36	M42
m_{max}	GB/T 41			5.6	6.4	7.9	9.5	12.2	15.9	19	22.3	26.4	31.9	34.9
	GB/T 6170	2.4	3.2	4.7	5.2	6.8	8.4	10.8	14.8	18	21.5	25.6	31	34
	GB/T 6172	1.8	2.2	2.7	3.2	4	5	6	8	10	12	15	18	21

注：A 级用于 $D \leqslant 16$ mm；B 级用于 $D > 16$ mm。

2.3 垫 圈

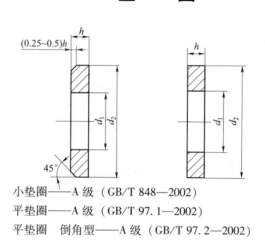

小垫圈——A 级（GB/T 848—2002）
平垫圈——A 级（GB/T 97.1—2002）
平垫圈 倒角型——A 级（GB/T 97.2—2002）

标记示例

标准系列、公称直径 $d = 8$ mm、性能等级为 140HV 级、不经表面处理的平垫圈，记为：
垫圈 GB/T 97.1—2002

附表 2-3 mm

公称尺寸 （螺纹规格 d）		1.6	2	2.5	3	4	5	6	8	10	12	14	16	20	24	30	36
d_1	GB/T 848	1.7	2.2	2.7	3.2	4.3	5.3	6.4	8.4	10.5	13	15	17	21	25	31	37
	GB/T 97.1	1.7	2.2	2.7	3.2	4.3	5.3	6.4	8.4	10.5	13	15	17	21	25	31	37
	GB/T 97.2						5.3	6.4	8.4	10.5	13	15	17	21	25	31	37
d_2	GB/T 848	3.5	4.5	5	6	8	9	11	15	18	20	24	28	34	39	50	60
	GB/T 97.1	4	5	6	7	9	10	12	16	20	24	28	30	37	44	56	66
	GB/T 97.2						10	12	16	20	24	28	30	37	44	56	66
h	GB/T 848	0.3	0.3	0.5	0.5	0.5	1	1.6	1.6	1.6	2	2.5	2.5	3	4	4	5
	GB/T 97.1	0.3	0.3	0.5	0.5	0.8	1	1.6	1.6	2	2.5	2.5	3	3	4	4	5
	GB/T 97.2						1	1.6	1.6	2	2.5	2.5	3	3	4	4	5

2.4 弹簧垫圈

标准型弹簧垫圈（摘自 GB/T 93—1987）
轻型弹簧垫圈（摘自 GB/T 859—1987）

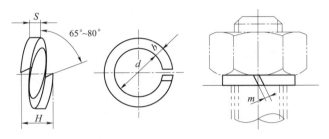

标记示例

规格 16mm、材料为 65Mn、表面氧化的标准型弹簧垫圈，记为：垫圈 GB/T 93—1987 16

附表 2-4

规格（螺纹大径）		3	4	5	6	8	10	12	(14)	16	(18)	20	(22)	24	(27)	30
d		3.1	4.1	5.1	6.1	8.1	10.2	12.2	14.2	16.2	18.2	20.2	22.5	24.5	27.5	30.5
H	GB/793	1.6	2.2	2.6	3.2	4.2	5.2	6.2	7.2	8.2	9	10	11	12	13.6	15
	GB/T 859	1.2	1.6	2.2	2.6	3.2	4	5	6	6.4	7.2	8	9	10	11	12
$S(b)$	GB/T 93	0.8	1.1	1.3	1.6	2.1	2.6	3.1	3.6	4.1	4.5	5	5.5	6	6.8	7.5
S	GB/T 859	0.6	0.8	1.1	1.3	1.6	2	2.5	3	3.2	3.6	4	4.5	5	5.5	6
$m \leqslant$	GB/T 93	0.4	0.55	0.65	0.8	1.05	1.3	1.55	1.8	2.05	2.25	2.5	2.75	3	3.4	3.75
	GB/T 859	0.3	0.4	0.55	0.65	0.8	1	1.25	1.5	1.6	1.8	2	2.25	2.5	2.75	3
b	GB/T 859	1	1.2	1.5	2	2.5	3	3.5	4	4.5	5	5.5	6	7	8	9

注：1. 括号内的规格尽可能不用。
2. m 应大于零。

2.5 双头螺柱（摘自 GB/T 897～900—1988）

双头螺柱——$b_m = 1d$（摘自 GB/T 897—1988）
双头螺柱——$b_m = 1.25d$（摘自 GB/T 898—1988）
双头螺柱——$b_m = 1.5d$（摘自 GB/T 899—1988）
双头螺柱——$b_m = 2d$（摘自 GB/T 900—1988）

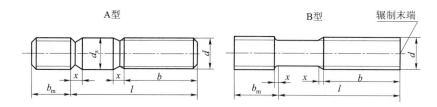

标记示例：

两端均为粗牙普通螺纹，$d=10$ mm，$l=50$ mm，性能等级为 4.8 级，B 型，$b_m=1d$
记为：螺柱 GB/T 897—1988 M10×50

旋入机体一端为粗牙普通螺纹，旋螺母一端为 $P=1$ mm 的细牙普通螺纹，$d=10$ mm，$l=50$ mm，性能等级为 4.8 级，A 型，$b_m=1d$，记为：螺柱 GB/T 897—1988 AM10—M10×1×50

旋入机体一端为过渡配合的第一种配合，旋螺母一端为粗牙普通螺纹，$d=10$ mm，$l=50$ mm，性能等级为 8.8 级，镀锌钝化，B 型，$b_m=1d$，记为：螺柱 GB/T 897—1988 GM10—M10×50—8.8—Z

附表 2-5　　　　　　　　　　　　　　　　　　　　　　　　　mm

螺纹规格 d	b_m（旋入机体端长度）				d_s	x	l/b（螺柱长度/旋螺母端长度）
	GB/T 897	GB/T 898	GB/T 899	GB/T 900			
M4			6	8	4	1.5P	16~22/8　25~40/14
M5	5	6	8	10	5	1.5P	16~22/10　25~50/16
M6	6	8	10	12	6	1.5P	20~22/10　25~30/14　32~75/18
M8	8	10	12	16	8	1.5P	20~22/12　25~30/16　32~90/22
M10	10	12	15	20	10	1.5P	25~28/14　30~38/16　40~120/26　130/32
M12	12	15	18	24	12	1.5P	25~30/16　32~40/20　45~120/30　130~180/36
M16	16	20	24	32	16	1.5P	30~38/20　40~55/30　60~120/38　130~200/44
M20	20	25	30	40	20	1.5P	35~40/25　45~65/35　70~120/46　130~200/52
M24	24	30	36	48	24	1.5P	45~50/30　55~75/45　80~120/54　130~200/60
M30	30	38	45	60	30	1.5P	60~65/40　70~90/50　95~120/66　130~200/72　210~250/85
M36	36	45	54	72	36	1.5P	65~75/45　80~110/60　120/78　130~200/84　210~300/97

续表

螺纹规格 d	b_m（旋入机体端长度）				d_s	x	l/b （螺柱长度/旋螺母端长度）
	GB/T 897	GB/T 898	GB/T 899	GB/T 900			
M42	42	52	65	84	42	1.5P	70~80/50 85~110/70 120/90 130~200/96 210~300/109
M48	48	60	72	96	48	1.5P	80~90/60 95~110/80 120/102 130~200/108 210~300/121
l 系列	12,（14），16,（18），20,（22），25,（28），30,（32），35,（38），40，45，50,（55），60,（65），70,（75），80,（85），90,（95），100，110~260（10进位），280，300						

注：1. 括号内的规格尽可能不用。
    2. P 为螺距。
    3. $b_m = 1d$，一般用于钢对钢；$b_m = 1.25d$、$b_m = 1.5d$，一般用于钢对铸铁；$b_m = 2d$，一般用于钢对铝合金。

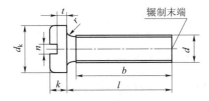

2.6 开槽盘头螺钉（摘自 GB/T 67—2016）

标记示例

螺纹规格 d = M5、公称长度 l = 20 mm、性能等级为 4.8 级、不经表面处理的 A 级开槽盘头螺钉，记为：螺钉 GB/T 67—2000 M5×20

附表 2-6   mm

螺纹规格 d	M1.6	M2	M2.5	M3	M4	M5	M6	M8	M10
P（螺距）	0.35	0.4	0.45	0.5	0.7	0.8	1	1.25	1.5
b	25	25	25	25	38	38	38	38	38
d_k	3.2	4	5	5.6	8	9.5	12	16	20
k	1	1.3	1.5	1.8	2.4	3	3.6	4.8	6
n	0.4	0.5	0.6	0.8	1.2	1.2	1.6	2	2.5
r	0.1	0.1	0.1	0.1	0.2	0.2	0.25	0.4	0.4
t	0.35	0.5	0.6	0.7	1	1.2	1.4	1.9	2.4

续表

螺纹规格 d	M1.6	M2	M2.5	M3	M4	M5	M6	M8	M10
公称长度 l	2~6	2.5~20	3~25	4~30	5~40	6~50	8~60	10~80	12~80
l 系列	2, 2.5, 3, 4, 5, 6, 8, 10, 12, (14), 16, 20, 25, 30, 35, 40, 45, 50, (55), 60, (65), 70, (75), 80									

注：1. 括号内的规格尽可能不用。
2. M1.6~M3 的螺钉，公称长度 $l \leqslant 30$ mm 的，制出全螺纹；M4~M10 的螺钉，公称长度 $l \leqslant 40$ mm 的，制出全螺纹。

2.7 开槽沉头螺钉（摘自 GB/T 68—2016）

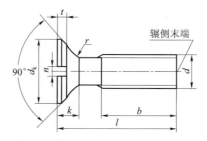

标记示例

螺纹规格 d=M5、公称长度 l=20、性能等级为 4.8 级、不经表面处理的 A 级开槽沉头螺钉，记为：螺钉 GB/T 68 —2000 M5×20

附表 2-7　　　　　　　　　　　　　　　　　　　　　　　mm

螺纹规格 d	M1.6	M2	M2.5	M3	M4	M5	M6	M8	M10
P（螺距）	0.35	0.4	0.45	0.5	0.7	0.8	1	1.25	1.5
b	25	25	25	25	38	38	38	38	38
d_k	3.6	4.4	5.5	6.3	9.4	10.4	12.6	17.3	20
k	1	1.2	1.5	1.65	2.7	2.7	3.3	4.65	5
n	0.4	0.5	0.6	0.8	1.2	1.2	1.6	2	2.5
r	0.4	0.5	0.6	0.8	1	1.3	1.5	2	2.5
t	0.5	0.6	0.75	0.85	1.3	1.4	1.6	2.3	2.6
公称长度 l	2.5~16	3~20	4~25	5~30	6~40	8~50	8~60	10~80	12~80
l 系列	2.5, 3, 4, 5, 6, 8, 10, 12, (14), 16, 20, 25, 30, 35, 40, 45, 50, (55), 60, (65), 70, (75), 80									

注：1. 括号内的规格尽可能不用。
2. M1.6~M3 的螺钉，公称长度 $l \leqslant 30$ mm 的，制出全螺纹；M4~M10 的螺钉、公称长度 $l \leqslant 45$ mm 的，制出全螺纹。

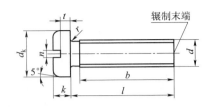

2.8 开槽圆柱头螺钉（摘自 GB/T 65—2016）

标记示例

螺纹规格 d=M5、公称长度 l=20、性能等级为 4.8 级、不经表面氧化的 A 级开槽圆柱头螺钉，记为：螺钉 GB/T 65—2000 M5×20

附表 2-8   mm

螺纹规格 d	M1.6	M2	M2.5	M3	M4	M5	M6	M8	M10
P（螺距）	0.35	0.4	0.45	0.5	0.7	0.8	1	1.25	1.5
b	25	25	25	25	38	38	38	38	38
d_k	3	3.8	4.5	5.5	7	8.5	10	13	16
k	1.1	1.4	1.8	2.0	2.6	3.3	3.9	5.0	6.0
n	0.4	0.5	0.6	0.8	1.2	1.2	1.6	2	2.5
r	0.1	0.1	0.1	0.1	0.2	0.2	0.25	0.4	0.4
t	0.45	0.6	0.7	0.85	1.1	1.3	1.6	2	2.4
公称长度 l	2~16	3~20	3~25	4~30	5~40	6~50	8~60	10~80	12~80
l 系列	2，3，4，5，6，8，10，12，(14)，16，20，25，30，35，40，45，50，(55)，60，(65)，70，(75)，80								

注：1. M1.6~M3 的螺钉，公称长度 $l \leqslant 30$ mm 的，制出全螺纹；M4~M10 的螺钉，公称长度 $l \leqslant 40$ mm 的，制出全螺纹。
　　2. 括号内的规格尽可能不用。

附录 3 键、销

3.1 平键和键槽的尺寸与公差（摘自 GB/T 1095—2003 和 GB/T 1096—2003）

附录 3-1

mm

轴	键		键槽								
			宽度 b						深度		
				极限偏差					轴 t_1		毂 t_2	
				松连接		正常连接		紧密连接 P9				
公称直径 (d)	公称尺寸 $b×h$	宽度极限偏差 (h8)	高度 h 极限偏差 (h11)	公称尺寸 b	轴 H9	毂 D10	轴 N9	毂 JS9	轴和毂	基本尺寸	极限偏差	基本尺寸	极限偏差
>6~8	2×2	0 −0.014	—	2	+0.025 0	+0.060 +0.020	−0.004 −0.029	±0.0125	−0.006 −0.031	1.2	+0.1 0	1.0	+0.1 0
>8~10	3×3			3						1.8		1.4	
>10~12	4×4	0 −0.018	—	4	+0.030 0	+0.078 +0.030	0 −0.030	±0.015	−0.012 −0.042	2.5		1.8	
>12~17	5×5			5						3.0		2.3	
>17~22	6×6			6						3.5		2.8	

续表

轴	键		键槽								
			宽度 b					深度			
				极限偏差				轴 t_1		毂 t_2	
			公称尺寸 b	松连接		正常连接		紧密连接			
				轴 H9	毂 D10	轴 N9	毂 JS9	轴和毂 P9			
公称直径 (d)	公称尺寸 b×h	宽度极限偏差 (h8)	高度 h 极限偏差 (h11)						基本尺寸	极限偏差	基本尺寸	极限偏差
>22~30	8×7	0 −0.022	0 −0.090	8	+0.036 0	+0.098 +0.040	0 −0.036	±0.018	−0.015 −0.051	4.0	+0.2 0	3.3	+0.2 0
>30~38	10×8			10						5.0		3.3	
>38~44	12×8	0 −0.027		12	+0.043 0	+0.120 +0.050	0 −0.043	±0.0215	−0.018 −0.061	5.0		3.3	
>44~50	14×9			14						5.5		3.8	
>50~58	16×10		0 −0.110	16						6.0		4.3	
>58~65	18×11			18						7.0		4.4	
>65~75	20×12	0 −0.033		20	+0.052 0	+0.149 +0.065	0 −0.052	±0.026	−0.022 −0.074	7.5		4.9	
>75~85	22×14			22						9.0		5.4	
>85~95	25×14			25						9.0		5.4	
>95~110	28×16			28						10.0		6.4	

3.2 销

圆柱销（摘自 GB/T 119.1—2000）
圆锥销（摘自 GB/T 117—2000）
开口销（摘自 GB/T 91—2000）

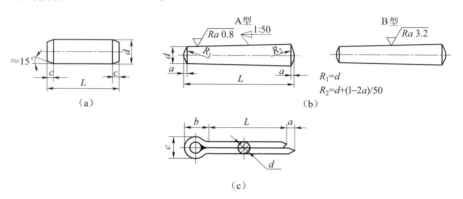

（a）圆柱销；（b）圆锥销；（c）开口销

标记示例

公称直径 10mm、长 50mm 的 A 型圆柱销，记为：销 GB/T 119.1—2000 6m10×50

公称直径 10mm、长 60mm 的 A 型圆锥销，记为：销 GB/T 117—2000 10×60

公称直径 5mm、长 50mm 的开口销，记为：销 GB/T 91—2000 10×50

附表 3-2   mm

名称	公称直径 d	1	1.2	1.5	2	2.5	3	4	5	6	8	10	12
圆柱销 GB/T 119.1	$n\approx$	0.12	0.16	0.20	0.25	0.30	0.40	0.50	0.63	0.80	1.0	1.2	1.6
	$c\approx$	0.20	0.25	0.30	0.35	0.40	0.50	0.63	0.80	1.2	1.6	2	2.5
圆锥销 GB/117	$a\approx$	0.12	0.16	0.20	0.25	0.30	0.40	0.50	0.63	0.80	1	1.2	1.6
开口销 GB/T 91	d（公称）	0.6	0.8	1	1.2	1.6	2	2.5	3.2	4	5	6.3	8
	c	1	1.4	1.8	2	2.8	3.6	4.6	5.8	7.4	9.2	11.8	15
	$b\approx$	2	2.4	3	3	3.2	4	5	6.4	8	10	12.6	16
	a	1.6	1.6	1.6	2.5	2.5	2.5	2.5	3.2	4	4	4	4
	l（商品规格范围公称长度）	4~12	5~16	6~20	8~25	8~32	10~40	12~50	14~65	18~80	22~100	30~120	40~160
l 系列	2, 3, 4, 5, 6, 8, 10, 12, 14, 16, 18, 20, 22, 24, 26, 28, 30, 32, 35, 40, 45, 50, 55, 60, 65, 70, 75, 80, 85, 90, 100, 120												

附录 4　滚动轴承

4.1　深沟球轴承（摘自 GB/T 276—2013）

附表 4-1

标记示例：滚动轴承 6210（GB/T 276—2013）

轴承代号	尺寸/mm			
	d	D	B	$r_{s,min}$
02 系列				
6200	10	30	9	0.6
6201	12	32	10	0.6
6202	15	35	11	0.6
6203	17	40	12	0.6
6204	20	47	14	1
6205	25	52	15	1
6206	30	62	16	1
6207	35	72	17	1.1
6208	40	80	18	1.1
6209	45	85	19	1.1
6210	50	90	20	1.1

轴承代号	尺寸/mm			
	d	D	B	$r_{s,min}$
6211	55	100	21	1.5
6212	60	110	22	1.5
6213	65	120	23	1.5
6214	70	125	24	1.5
6215	75	130	25	1.5
6216	80	140	26	2
6217	85	150	28	2
6218	90	160	30	2
6219	95	170	32	2.1
6220	100	180	34	2.1
03 系列				
6300	10	35	11	0.6
6301	12	37	12	1
6302	15	42	13	1
6303	17	47	14	1
6304	20	52	15	1.1
6305	25	62	17	1.1
6306	30	72	19	1.1
6307	35	80	21	1.5
6308	40	90	23	1.5
6309	45	100	25	1.5

续表

轴承代号	尺寸/mm				轴承代号	尺寸/mm			
	d	D	B	$r_{s,\min}$		d	D	B	$r_{s,\min}$
6310	50	110	27	2	6406	30	90	23	1.5
6311	55	120	29	2	6407	35	100	25	1.5
6312	60	130	31	2.1	6408	40	110	27	2
6313	65	140	33	2.1	6409	45	120	29	2
6314	70	150	35	2.1	6410	50	130	31	2.1
6315	75	160	37	2.1	6411	55	140	33	2.1
6316	80	170	39	2.1	6412	60	150	35	2.1
6317	85	180	41	3	6413	65	160	37	2.1
6318	90	190	43	3	6414	70	180	42	3
6319	95	200	45	3	6415	75	190	45	3
6320	100	215	47	3	6416	80	200	48	3
04 系列					6417	85	210	52	4
6403	17	62	17	1.1	6418	90	225	54	4
6404	20	72	19	1.1	6419	95	240	55	4
6405	25	80	21	1.5	6420	100	250	58	4

注：d——轴承公称内径；D——轴承公称外径；B——轴承公称宽度；r——内外圈公称倒角尺寸的单向最小尺寸。

4.2 圆锥滚子轴承（摘自 GB/T 297—2015）

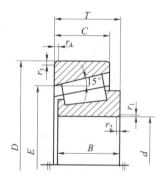

标记示例

滚动轴承 30312（GB/T 297—2015）标准外形

附表 4-2

轴承代号	尺寸/mm					$r_{1s,min}$ $r_{2s,min}$	$r_{3s,min}$ $r_{4s,min}$	α
	d	D	B	C	T			
02 系列								
30203	17	40	12	11	13.25	1	1	12°57′10″
30204	20	47	14	12	15.25	1	1	12°57′10″
30205	25	52	15	13	16.25	1	1	14°02′10″
30206	30	62	16	14	17.25	1	1	14°02′10″
30207	35	72	17	15	18.25	1.5	1.5	14°02′10″
30208	40	80	18	16	19.75	1.5	1.5	14°02′10″
30209	45	85	19	16	20.75	1.5	1.5	15°06′34″
30210	50	90	20	17	21.75	1.5	1.5	15°38′32″
30211	55	100	21	18	22.75	2	1.5	15°06′34″
30212	60	110	22	19	23.75	2	1.5	15°06′34″
30213	65	120	23	20	24.75	2	1.5	15°06′34″
30214	70	125	24	21	26.25	2	1.5	15°38′32″
30215	75	130	25	22	27.25	2	1.5	16°10′20″
30216	80	140	26	22	28.25	2.5	2	15°38′32″
30217	85	150	28	24	30.5	2.5	2	15°38′32″
30218	90	160	30	26	32.5	2.5	2	15°38′32″
30219	95	170	32	27	34.5	3	2.5	15°38′32″
30220	100	180	34	29	37	3	2.5	15°38′32″
03 系列								
30302	15	42	13	11	14.25	1	1	10°45′29″
30303	17	47	14	12	15.25	1	1	10°45′29″
30304	20	52	15	13	16.25	1.5	1.5	11°18′36″
30305	25	62	17	15	18.25	1.5	1.5	11°18′36″
30306	30	72	19	16	20.75	1.5	1.5	11°51′35″
30307	35	80	21	18	22.75	2	1.5	11°51′35″
30308	40	90	23	20	25.25	2	1.5	12°57′10″
30309	45	100	25	22	27.25	2	1.5	12°57′10″

续表

轴承代号	尺寸/mm					$r_{1s,min}$ $r_{2s,min}$	$r_{3s,min}$ $r_{4s,min}$	α
	d	D	B	C	T			
30310	50	110	27	23	29.25	2.5	2	12°57′10″
30311	55	120	29	25	31.5	2.5	2	12°57′10″
30312	60	130	31	26	33.5	3	2.5	12°57′10″
30313	65	140	33	28	36	3	2.5	12°57′10″
30314	70	150	35	30	38	3	2.5	12°57′10″
30315	75	160	37	31	40	3	2.5	12°57′10″
30316	80	170	39	33	42.5	3	2.5	12°57′10″
30317	85	180	41	34	44.5	4	3	12°57′10″
30318	90	190	43	36	46.5	4	3	12°57′10″
30319	95	200	45	38	49.5	4	3	12°57′10″
30320	100	215	47	39	51.5	4	3	12°57′10″

4.3　推力球轴承（摘自 GB/T 301—2015）

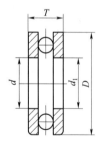

51000 型　标准外形

标记示例：滚动轴承 51214（GB/T 301—2015）

附表 4-3

轴承代号	尺寸/mm			
51000 型	d	d_1	D	T
12、22 系列				
51200	10	12	26	11
51201	12	14	28	11

续表

轴承代号	尺寸/mm			
51000 型	d	d_1	D	T
51202	15	17	32	12
51203	17	19	35	12
51204	20	22	40	14
51205	25	27	47	15
51206	30	32	52	16
51207	35	37	62	18
51208	40	42	68	19
51209	45	47	73	20
51210	50	52	78	22
51211	55	57	90	25
51212	60	62	95	26
51213	65	67	100	27
51214	70	72	105	27
51215	75	77	110	27
51216	80	82	115	28
51217	85	88	125	31
51218	90	93	135	35
51220	100	103	150	38
13、23 系列				
51304	20	22	47	18
51305	25	27	52	18
51306	30	32	60	21
51307	35	37	68	24
51308	40	42	78	26
51309	45	47	85	28
51310	50	52	95	31
51311	55	57	105	35
51312	60	62	110	35
51313	65	67	115	36
51314	70	72	125	40

续表

轴承代号	尺寸/mm			
51000 型	d	d_1	D	T
51315	75	77	135	44
51316	80	82	140	44
51317	85	88	150	49
51318	90	93	155	50
51320	100	103	170	55
14、24 系列				
51405	25	27	60	24
51406	30	32	70	28
51407	35	37	80	32
51408	40	42	90	36
51409	45	47	100	39
51410	50	52	110	43
51411	55	57	120	48
51412	60	62	130	51
51413	65	68	140	56
51414	70	73	150	60
51415	75	78	160	65
51416	80	83	170	68
51417	85	88	180	72
51418	90	93	190	77
51420	100	103	210	85

附录5 极限与配合

5.1 标准公差数值（摘自 GB/T 1800.4—1999）

附表 5-1

基本尺寸 mm		标准公差等级																	
		IT1	IT2	IT3	IT4	IT5	IT6	IT7	IT8	IT9	IT10	IT11	IT12	IT13	IT14	IT15	IT16	IT17	IT18
大于	至	μm											mm						
	3	0.8	1.2	2	3	4	6	10	14	25	40	60	0.1	0.14	0.25	0.4	0.6	1	1.4
3	6	1	1.5	2.5	4	5	8	12	18	30	48	75	0.12	0.18	0.3	0.48	0.75	1.2	1.8
6	10	1	1.5	2.5	4	6	9	15	22	36	58	90	0.15	0.22	0.36	0.58	0.9	1.5	2.2
10	18	1.2	2	3	5	8	11	18	27	43	70	110	0.18	0.27	0.43	0.7	1.1	1.8	2.7
18	30	1.5	2.5	4	6	9	13	21	33	52	84	130	0.21	0.33	0.52	0.84	1.3	2.1	3.3
30	50	1.5	2.5	4	7	11	16	25	39	62	100	160	0.25	0.39	0.62	1	1.6	2.5	3.9
50	80	2	3	5	8	13	19	30	46	74	120	190	0.3	0.46	0.74	1.2	1.9	3	4.6
80	120	2.5	4	6	10	15	22	35	54	87	140	220	0.35	0.54	0.87	1.4	2.2	3.5	5.4
120	180	3.5	5	8	12	18	25	40	63	100	160	250	0.4	0.63	1	1.6	2.5	4	6.3
180	250	4.5	7	10	14	20	29	46	72	115	185	290	0.46	0.72	1.15	1.85	2.9	4.6	7.2
250	315	6	8	12	16	23	32	52	81	130	210	320	0.52	0.81	1.3	2.1	3.2	5.2	8.1
315	400	7	9	13	18	25	36	57	89	140	230	360	0.57	0.89	1.4	2.3	3.6	5.7	8.9

续表

基本尺寸 mm		标准公差等级																	
		IT1	IT2	IT3	IT4	IT5	IT6	IT7	IT8	IT9	IT10	IT11	IT12	IT13	IT14	IT15	IT16	IT17	IT18
大于	至	μm											mm						
400	500	8	10	15	20	27	40	63	97	155	250	400	0.63	0.97	1.55	2.5	4	6.3	9.7
500	630	9	11	16	22	32	44	70	110	175	280	440	0.7	1.1	1.75	2.8	4.4	7	11
630	800	10	13	18	25	36	50	80	125	200	320	500	0.8	1.25	2	3.2	5	8	12.5
800	1 000	11	15	21	28	40	56	90	140	230	360	560	0.9	1.4	2.3	3.6	5.6	9	14
1 000	1 250	13	18	24	33	47	66	105	165	260	420	660	1.05	1.65	2.6	4.2	6.6	10.5	16.5
1 250	1 600	15	21	29	39	55	78	125	195	310	500	780	1.25	1.95	3.1	5	7.8	12.5	19.5
1 600	2 000	18	25	35	46	65	92	150	230	370	600	920	1.5	2.3	3.7	6	9.2	15	23
2 000	2 500	22	30	41	55	78	110	175	280	440	700	1 100	1.75	2.8	4.4	7	11	17.5	28
2 500	3 150	26	36	50	68	96	135	210	330	540	860	1 350	2.1	3.3	5.4	8.6	13.5	21	33

注：1. 基本尺寸大于500mm的IT1至IT5的标准公差数值为试行的。
  2. 基本尺寸小于或等于1mm时，无IT14至IT18。
  3. 本表未摘录IT01、IT0两个级别的公差。

5.2 轴、孔的基本偏差数值（摘自 GB/T 1800.3—1999）

附表 5-2

μm

基本偏差	上偏差 (es)											js**	j			k		m	n	p	r	s	t	下偏差 (ei)									
	a*	b*	c	cd	d	e	ef	f	fg	g	h		5,6	7	4~7	≤3	>7							u	v	x	y	z	za	zb	zc
基本尺寸	所有等级														8									所有等级							
≤3	−270	−140	−60	−34	−20	−14	−10	−6	−4	−2	0	偏差 ±IT/2	−2	−4	−6	0	0	+2	+4	+6	+10	+14		+18		+20		+26	+32	+40	+60
>3~6	−270	−140	−70	−46	−30	−20	−14	−10	−6	−4	0		−2	−4		+1	0	+4	+8	+12	+15	+19		+23		+28		+35	+42	+50	+80
>6~10	−280	−150	−80	−56	−40	−25	−18	−13	−8	−5	0		−2	−5		+1	0	+6	+10	+15	+19	+23		+28		+34		+42	+52	+67	+97
>10~14	−290	−150	−95		−50	−32		−16		−6	0		−3	−6		+1	0	+7	+12	+18	+23	+28		+33		+40		+50	+64	+90	+130
>14~18	−290	−150	−95		−50	−32		−16		−6	0		−3	−6		+1	0	+7	+12	+18	+23	+28		+33	+39	+45		+60	+77	+108	+150
>18~24	−300	−160	−110		−65	−40		−20		−7	0		−4	−8		+2	0	+8	+15	+22	+28	+35		+41	+47	+54	+63	+73	+98	+138	+188
>24~30	−300	−160	−110		−65	−40		−20		−7	0		−4	−8		+2	0	+8	+15	+22	+28	+35	+41	+48	+55	+64	+75	+88	+118	+160	+218
>30~40	−310	−170	−120		−80	−50		−25		−9	0		−5	−10		+2	0	+9	+17	+26	+34	+43	+48	+60	+68	+80	+94	+112	+148	+200	+274
>40~50	−320	−180	−130		−80	−50		−25		−9	0		−5	−10		+2	0	+9	+17	+26	+34	+43	+54	+70	+81	+97	+114	+136	+180	+242	+325
>50~65	−340	−190	−140		−100	−60		−30		−10	0		−7	−12		+2	0	+11	+20	+32	+41	+53	+66	+87	+102	+122	+144	+172	+226	+300	+405
>65~80	−360	−200	−150		−100	−60		−30		−10	0		−7	−12		+2	0	+11	+20	+32	+43	+59	+75	+102	+120	+146	+174	+210	+274	+360	+480
>80~100	−380	−220	−170		−120	−72		−36		−12	0		−9	−15		+3	0	+13	+23	+37	+51	+71	+91	+124	+146	+178	+214	+258	+335	+445	+585
>100~120	−410	−240	−180		−120	−72		−36		−12	0		−9	−15		+3	0	+13	+23	+37	+54	+79	+104	+144	+172	+210	+254	+310	+400	+525	+690
>120~140	−460	−260	−200		−145	−85		−43		−14	0		−11	−18		+3	0	+15	+27	+43	+63	+92	+122	+170	+202	+248	+300	+365	+470	+620	+800
>140~160	−520	−280	−210		−145	−85		−43		−14	0		−11	−18		+3	0	+15	+27	+43	+65	+100	+134	+190	+228	+280	+340	+415	+535	+700	+900
>160~180	−580	−310	−230		−145	−85		−43		−14	0		−11	−18		+3	0	+15	+27	+43	+68	+108	+146	+210	+252	+310	+380	+465	+600	+780	+1 000
>180~200	−660	−340	−240		−170	−100		−50		−15	0		−13	−21		+4	0	+17	+31	+50	+77	+122	+166	+236	+284	+350	+425	+520	+670	+880	+1 150
>200~225	−740	−380	−260		−170	−100		−50		−15	0		−13	−21		+4	0	+17	+31	+50	+80	+130	+180	+258	+310	+385	+470	+575	+740	+960	+1 250
>225~250	−820	−420	−280		−170	−100		−50		−15	0		−13	−21		+4	0	+17	+31	+50	+84	+140	+196	+284	+340	+425	+520	+640	+820	+1 050	+1 350
>250~280	−920	−480	−300		−190	−110		−56		−17	0		−16	−26		+4	0	+20	+34	+56	+94	+158	+218	+315	+385	+475	+580	+710	+920	+1 200	+1 550
>280~315	−1 050	−540	−330		−190	−110		−56		−17	0		−16	−26		+4	0	+20	+34	+56	+98	+170	+240	+350	+425	+525	+650	+790	+1 000	+1 300	+1 700
>315~355	−1 200	−600	−360		−210	−125		−62		−18	0		−18	−28		+4	0	+21	+37	+62	+108	+190	+268	+390	+475	+590	+730	+900	+1 150	+1 500	+1 900
>355~400	−1 350	−680	−400		−210	−125		−62		−18	0		−18	−28		+4	0	+21	+37	+62	+114	+208	+294	+435	+530	+660	+820	+1 000	+1 300	+1 650	+2 100
>400~450	−1 500	−760	−440		−230	−135		−68		−20	0		−20	−32		+5	0	+23	+40	+68	+126	+232	+330	+490	+595	+740	+920	+1 100	+1 450	+1 850	+2 400
>450~500	1 650	−840	−480		−230	−135		−68		−20	0		−20	−32		+5	0	+23	+40	+68	+132	+252	+360	+540	+660	+820	+1 000	+1 250	+1 600	+2 100	+2 600

注：1. 基本尺寸小于等于 1 时，各级的 a 和 b 均不采用。
2. js 的数值，对 IT7 至 IT11，若 IT 的数值（μm）为奇数时，则取 js = ± (IT−1)/2。

附表 5-3

基本偏差代号	A*	B*	C	CD	D	E	EF	F	FG	G	H	JS**			J			K		M		N*		P~ZC	P	R	S	T	U	V	X	Y	Z	ZA	ZB	ZC	Δ/μm						
公差等级	所有等级														6	7	8	≤8	>8	≤8	>8	≤8	>8	≤7	>7												3	4	5	6	7	8
基本尺寸/mm	下偏差 EI/μm											偏差=±IT/2													上偏差 ES/μm																		
≤3	+270	+140	+60	+34	+20	+14	+10	+6	+4	+2	0				+2	+4	+6	0	0	-2	-2	-4	-4		-6	-10	-14		-18		-20		-26	-32	-40	-60						
>3-6	+270	+140	+70	+46	+30	+20	+14	+10	+6	+4	0				+5	+6	+10	-1+Δ		-4+Δ	-4	-8+Δ	0		-12	-15	-19		-23		-28		-35	-42	-50	-80	1	1.5	1	3	4	6
>6-10	+280	+150	+80	+56	+40	+25	+18	+13	+8	+5	0				+5	+8	+12	-1+Δ		-6+Δ	-6	-10+Δ	0		-15	-19	-23		-28		-34		-42	-52	-67	-97	1	1.5	2	3	6	7
>10-14	+290	+150	+95		+50	+32		+16		+6	0				+6	+10	+15	-1+Δ		-7+Δ	-7	-12+Δ	0		-18	-23	-28		-33		-40		-50	-64	-90	-130	1	2	3	3	7	9
>14-18																														-39	-45		-60	-77	-108	-150						
>18-24	+300	+160	+110		+65	+40		+20		+7	0				+8	+12	+20	-2+Δ		-8+Δ	-8	-15+Δ	0		-22	-28	-35		-41	-47	-54	-63	-73	-98	-136	-188	1.5	2	3	4	8	12
>24-30																												-41	-48	-55	-64	-75	-88	-118	-160	-218						
>30-40	+310	+170	+120		+80	+50		+25		+9	0				+10	+14	+24	-2+Δ		-9+Δ	-9	-17+Δ	0		-26	-34	-43	-48	-60	-68	-80	-94	-112	-148	-200	-274	1.5	3	4	5	9	14
>40-50	+320	+180	+130																									-54	-70	-81	-97	-114	-136	-180	-242	-325						
>50-65	+340	+190	+140		+100	+60		+30		+10	0				+13	+18	+28	-2+Δ		-11+Δ	-11	-20+Δ	0		-32	-41	-53	-66	-87	-102	-122	-144	-172	-226	-300	-405	2	3	5	6	11	16
>65-80	+360	+200	+150																							-43	-59	-75	-102	-120	-146	-174	-210	-274	-360	-480						
>80-100	+380	+220	+170		+120	+72		+36		+12	0				+16	+22	+34	-3+Δ		-13+Δ	-13	-23+Δ	0		-37	-51	-71	-91	-124	-146	-178	-214	-258	-335	-445	-585	2	4	5	7	13	19
>100-120	+410	+240	+180																							-54	-79	-104	-144	-172	-210	-254	-310	-400	-525	-690						
>120-140	+460	+260	+200		+145	+85		+43		+14	0				+18	+26	+41	-3+Δ		-15+Δ	-15	-27+Δ	0		-43	-63	-92	-122	-170	-202	-248	-300	-365	-470	-620	-800	3	4	6	7	15	23
>140-160	+520	+280	+210																							-65	-100	-134	-190	-228	-280	-340	-415	-535	-700	-900						
>160-180	+580	+310	+230																							-68	-108	-146	-210	-252	-310	-380	-465	-600	-780	-1 000						
>180-200	+660	+340	+240		+170	+100		+50		+15	0				+22	+30	+47	-4+Δ		-17+Δ	-17	-31+Δ	0		-50	-77	-122	-166	-236	-284	-350	-425	-520	-670	-880	-1 150	3	4	6	9	17	26
>200-225	+740	+380	+260																							-80	-130	-180	258	-310	-385	-470	-575	-740	-960	-1 250						
>225-250	+820	+420	+280																							-84	-140	-196	284	-340	-425	-520	-640	-820	-1 050	-1 350						
>250-280	+920	+480	+300		+190	+110		+56		+17	0				+25	+36	+55	-4+Δ		-20+Δ	-20	-34+Δ	0		-56	-94	-158	-218	-315	-385	-475	-580	-710	-920	-1 200	-1 550	4	4	7	9	20	29
>280-315	+1 050	+540	+330																							-98	-170	-240	-350	-425	-525	-650	-790	-1 000	-1 300	-1 700						
>315-355	+1 200	+600	+360		+210	+125		+62		+18	0				+29	+39	+60	-4+Δ		-21+Δ	-21	-37+Δ	0		-62	-108	-190	-268	-390	-470	-590	-730	-900	-1 150	-1 500	-1 900	4	5	7	11	21	32
>355-400	+1 350	+680	+400																							-114	-208	-294	-435	-530	-660	-820	-1 000	-1 300	-1 650	-2 100						

注：1. 基本尺寸小于 1 mm 时，各级的 A 和 B 反大于 8 级的 N 均不采用。
2. JS 的数值，对 IT7 至 IT11，若 IT 的数值（μm）为奇数，则 JS±（IT-1）/2